新型职业农民培育系列教材

特色花卉和果树实用栽培技术

◎ 毕玉根　郑雪起　张洪旗　主编

U0320936

中国农业科学技术出版社

图书在版编目（CIP）数据

特色花卉和果树实用栽培技术／毕玉根，郑雪起，张洪旗主编.
—北京：中国农业科学技术出版社，2017.6
ISBN 978 - 7 - 5116 - 3102 - 2

Ⅰ.①特…　Ⅱ.①毕…②郑…③张…　Ⅲ.①花卉 - 观赏园艺
②果树园艺　Ⅳ.①S68②S66

中国版本图书馆 CIP 数据核字（2017）第 120686 号

责任编辑　白姗姗
责任校对　马广洋

出 版 者　中国农业科学技术出版社
　　　　　北京市中关村南大街 12 号　邮编：100081
电　　话　(010)82106638(编辑室)　　(010)82109702(发行部)
　　　　　(010)82109709(读者服务部)
传　　真　(010)82106650
网　　址　http://www.CASTP.cn
经 销 者　各地新华书店
印 刷 者　北京富泰印刷有限责任公司
开　　本　850mm ×1 168mm　1/32
印　　张　8.125
字　　数　240 千字
版　　次　2017 年 6 月第 1 版　2017 年 6 月第 1 次印刷
定　　价　28.00 元

目　　录

目　录

第一章　牡　丹

　　牡丹是芍药科芍药属植物，为多年生落叶小灌木。花色泽艳丽，玉笑珠香，风流潇洒，富丽堂皇，素有"花中之王"的美誉。在栽培类型中，主要根据花的颜色，可分成上百个品种。牡丹品种繁多，色泽亦多，以黄、绿、肉红、深红、银红为上品，尤其黄、绿为贵。牡丹花大而香，故又有"国色天香"之称。

　　菏泽牡丹始于隋，兴于唐、宋，盛于明、清，至清成为中国牡丹的栽培中心，现有种植面积达 42.7 万亩*，花色丰富多彩，花型千变万化，已经发展花色有粉色、红色（含紫红色）、紫色、蓝色、黄色、白色、黑色、绿色、复色九大色系，各色系有深、淡、浓之分。根据花朵形态和雌雄进化程度，分为单瓣型、荷花型、菊花型、托桂型、蔷薇型、金环型、皇冠型、绣球型、千台阁型、楼子阁型共 10 个花型，1 237 个品种。全市牡丹花卉专业村 35 个，专业户 1 万余户，从业人员 5 万余人，大小牡丹花卉企业 1 000 余家，年产标准化牡丹观赏种苗 1 000 万株，牡丹四季催花 300 万盆，牡丹、芍药鲜切花 400 万枝，牡丹籽油 10 000t。菏泽牡丹远销美国、荷兰、比利时、日本、法国等 20 多个国家和地区，新品种的培育占全国的 90%，对全国牡丹种植苗木支持率达 85%，苗木出口率占全国的 80%。

第一节　油用牡丹种植

（一）油用牡丹育苗技术

1. 选地与整地

牡丹是肉质深根系植物，在选地时应选向阳、地势高燥、易

---

* 1 亩≈667m²，1hm² =15 亩。全书同

排水的地块。土壤以土层深厚、肥沃的沙质壤土为好，忌黏重、盐碱、低洼地块。

整地时每亩施用 150 ~ 200kg 饼肥或腐熟的厩肥 1 500 ~ 2 000kg、40 ~ 50kg 复合肥作为底肥。同时，施入 10 ~ 15kg/亩辛硫磷颗粒剂和 4 ~ 5kg/亩土菌灵等作为土壤杀虫杀菌剂。深翻 25 ~ 30cm，耙细整平。

2. 选种

应选"育苗移栽"生长四年的牡丹植株，种子一般在 7 月底至 8 月初成熟，当牡丹角果呈熟香蕉皮黄色时摘下，晾晒场阴干，并经常翻动；种子在壳内后熟，并由黄绿色渐变为褐色至黑色。待果实干裂，种子脱出即可播种。

播种前要用水选法选种，取水中沉下的饱满种子，以 40 ~ 50℃的温水浸种 48h 左右；或常温水浸种 3 ~ 4d，每天换水 1 次。育苗前如墒情差要造墒后再进行播种。

3. 育苗时间

育苗时间一般在 8 月下旬开始，9 月下旬结束；如当年地温较低或育苗时间较晚，育苗后必须覆盖地膜。

4. 播种技术

小面积育苗可进行畦播，畦面宽 80 ~ 100cm、高 10 ~ 15cm，按 6 ~ 9cm 的行距挖 5cm 深的沟，将种子均匀撒入沟内，种子间相距 1 ~ 2cm，覆土盖平，稍加镇压；也可以将种子撒播于畦面，然后覆 3 ~ 5cm 厚的土。种子用量每亩 100 ~ 150kg。

大面积育种，应采用播种机播种，种子用量每亩 70 ~ 90kg，可省时省工，降低生产成本，注意播种深度勿大于 5cm。

5. 育苗田管理

播种后 30 ~ 40d 即可长出 0.5cm 长的幼根，90d 幼根达 7 ~ 10cm；此时开始封冻，没有覆盖地膜的可在畦面上盖 3 ~ 5cm 厚的土或厩肥保温。第二年开春解冻后，应揭去地膜及覆土等；松土，如墒情很差要及时补充水分。苗期要经常除草、松土、保墒，适时追肥浇水。牡丹苗在春季气温 18 ~ 25℃时，生长迅速，结合春耕除草，可进行叶面喷肥，可选磷酸二氢钾等，浓度控制在 0.3%

以内。

6. 主要病虫害及其防治方法

叶斑病为害叶，叶正面为灰褐色近圆形病斑，有轮纹，生有黑色霉状物；灰霉病为害叶、茎、花各部，叶病斑圆形褐色，有不规则层纹，可用70%甲基托布津500倍液或50%多菌灵1 000倍液喷防。其他病虫害参照本书"油用牡丹栽培技术"部分有关防治。

（二）油用牡丹栽培技术

1. 地块选择

油用牡丹栽植，宜选高燥向阳地块，以沙质壤土为好。要求土壤疏松透气、排水良好，适宜pH值6.0～8.2。

2. 品种选择

以结籽量大、出油率高、适应性广、生长势强的"凤丹"牡丹品种为主，也可考虑选择"紫斑牡丹"。

3. 整地施肥

土壤深翻30～40cm，每亩施用150～200kg饼肥或腐熟的厩肥1 000～1 500kg，40～50kg复合肥作为底肥。同时，施入用10～15kg/亩辛硫磷颗粒剂和4～5kg/亩土菌灵等作为土壤杀虫杀菌剂。

4. 栽植时间

油用牡丹栽植时间以9月中旬至10月中旬为佳，最迟不超过10月底。新栽牡丹冬前"根动芽不动"，即牡丹秋季栽植后，封冻前地下根系要有一定的活动和生长，而芽子要在第二年春季才萌动生长。

5. 种苗处理

一般选用1～2年生"凤丹"实生苗。栽植前首先要对种苗进行分级：苗径达到0.5cm以上、苗长达到20cm以上为一级苗，苗径达到0.3～0.5cm、苗长达到16～20cm为二级苗，苗径在0.3cm以下或病苗、虫苗、弱苗要剔除。将一级苗和二级苗分开，用50%福美双800倍或50%多菌灵800～1 000液浸泡5～10min，晾干后分别栽植。栽前要将过细过长的尾根剪去2～3cm。

6. 栽植密度

油用牡丹定植的株行距一般为 40cm × 50cm 或 30cm × 70cm，或 40cm × （80 + 30） cm 宽窄行栽植，即每亩 3 000 株左右。如果是 1 ~ 2 年生种苗，为有效利用土地，栽植密度也可以暂定为每亩 5 555 株，株行距为 20cm × 60cm。1 ~ 2 年后，可以隔一株剔除一株，剔除苗可用作新建油用牡丹园，也可用作观赏牡丹嫁接用砧木，剩余部分作为油用牡丹继续管理。

7. 栽植方法

栽植时，用铁锹或间距与株距等同的带柄 2 ~ 3 股专用叉插入地面，别开宽度为 5 ~ 8cm、深度为 25 ~ 35cm 的缝隙，在缝隙处各放入一株牡丹小苗，使根茎部低于地平面下 2cm 左右，并使根系舒展，然后踩实，使根土紧密接触。栽植后按行用土封成高 5 ~ 8cm 的土埂，以利保墒越冬。

8. 田间管理

（1）锄地。油用牡丹生长期内，需要勤锄地，一来是灭除杂草，二来是增温保墒。

（2）追肥。牡丹喜欢有机肥与磷钾肥，栽植后第一年，一般不需要追肥。第二年开始追肥，可追 2 次肥，第一次在春分前后，每亩施用 40 ~ 50kg 复合肥；第二次在入冬之前，每亩施用 150 ~ 200kg 饼肥加 40 ~ 50kg 复合肥。第三年开始结籽后，每年以三次追肥为好，即开花前半个月喷洒一次磷肥为主的肥水；开花后半个月追一次复合肥；采籽后至入冬之前，采用穴施或条施，将有机肥与复合肥混合，一次施入土壤，以确保第二年足量开花结籽。

（3）浇水。牡丹为肉质根，不耐水湿，应保证排水疏通，避免积水。不宜经常浇水，但特别干旱时仍需适量浇小水。

（4）清除落叶。10 月下旬叶片干枯后，及时清除，并带出牡丹田，烧毁或深埋，减少来年病虫害的发生。

（5）整形修剪。采用 1 年苗定植的地块不存在修剪问题；3 ~ 4 年定植地需"平茬"，以促单株尽量多的产生分枝，以后开花量多，提高产量；3 年生以后的修剪主要是去除"回缩枝"。整形措施根据枝叶分布空间在春季和秋季灵活掌握。

9. 种子采收

采收时间：种子成熟期因地区不同而存在差异，菏泽地区一般在7月下旬至8月初成熟。育苗用种子采收时间是：当蓇葖果呈熟香蕉皮黄色时即可进行采收，过早种子不成熟，过晚种皮变黑发硬不易出苗。明朝薛凤祥先生《牡丹八书》中就记有牡丹籽"喜嫩不喜老，以色黄为时，黑则老矣"。"籽嫩者一年即芽，微老者二年，极老者三年出芽"。这是实践经验的总结。

制种方法：采收果壳褐黄色或褐色的果荚，摊放于阴凉通风的室内，摊放厚度在20cm左右，让其后熟。经过10～15d，果荚大多数自行开裂，爆出种子。后熟过程中，每隔2～3d翻动1次，以防发霉。可用脱粒机进行制种。

10. 病虫害防治

（1）红斑病。牡丹红斑病在菏泽市牡丹栽培区普遍发生，主要为害茎和叶。红斑病病原菌为牡丹轮斑芽枝霉。病原菌主要以菌丝在田间病株残茎中越冬，也可在不腐烂的病叶中越冬。病原菌侵入途径及潜育期：病原菌可通过伤口和自然孔口侵入，主要是通过伤口侵入。其潜育期在25～30℃时为10d左右。

病害的发生时期：牡丹嫩茎、叶柄上的病斑出现在3月下旬，而4月上旬新叶刚抽出不久即可见到针头状的病斑，后病斑逐渐扩展相连成片，6月中旬至7月下旬为发病盛期。8月上旬以后很少再出现新病斑。11月上旬后，病原菌进入越冬期。

防治红斑病可选择50%多菌灵、70%甲基托布津等800倍液与叶面施肥混合进行。防治效果均在90%以上，一年防治4次。

（2）根腐病。牡丹根腐病在菏泽市牡丹栽培区发生比较普遍，老牡丹园病株率30%以上，新牡丹园病株率一般15%左右。

发病部位在根部，初呈黄褐色，后变成黑色，病斑凹陷，大小不一，可达髓部，根部变黑，根部可全部或局部被害，重病株老根腐烂，新根不长，地上部叶黄、凋萎。枝条细弱，发芽迟，甚至全株死亡。

根腐病病原菌为茄腐皮镰孢菌。根腐病病原菌以菌丝和分生孢子在患病根部越冬，越冬的分生孢子无侵染力，而越冬菌丝新产生的分生孢子是初侵染源。

3月上旬随着地温的回升，病原菌开始活动，侵入根部，5—7月为发病盛期，10月下旬病菌停止侵染。病原菌随流水作近距离传染，或随苗木调运作远距离传播。病原菌可通过根部伤口和自然孔口侵入，其潜育期为15～20d。

重茬对病害发生为害程度的影响是明显的，牡丹留园时间越长，感病程度越重。土壤pH值高，牡丹感病程度重，一般土质黏重、地势低洼、不易排水的地块发病重，牡丹根受地下害虫（如蝼蛄、蛴螬等）为害的植株感病重。

对发现的病株要挖出烧毁，并在种植穴内撒一些石灰或硫黄粉进行土壤消毒。化学防治，以40%福美砷、50%腐必治或50%多福可湿性粉剂300倍液进行灌根，效果最好，防效均在84%～90%。

（3）立枯病。立枯病出现在新的育苗地块，种苗根颈部出现腐烂等症状。病原为立枯丝核菌，病菌从土表侵入幼苗的茎基部，发病时，先变成褐色，后成暗褐色，受害严重时，韧皮部被破坏，根部成黑褐色腐烂。病株叶片发黄，植株萎蔫、枯死，但不倒伏。病菌也可侵染幼株近地面的潮湿叶片，引起叶枯，边缘产生不规则、水渍状、黄褐色至黑褐色大斑，很快波及全叶和叶柄，造成死腐，病部有时可见褐色菌丝体和附着的小菌核。对于发病地块，可用50%福美双可湿性粉500倍液和30%甲霜恶霉灵1 000倍液交替喷洒，每平方米用药液3L。防治时间一般在3月下旬至4月上旬。

（4）根结线虫。牡丹根结线虫在菏泽市牡丹栽培区均有发生，感病轻的地块病株率一般在20%左右，病重地块病株率达30%以上，牡丹被根结线虫侵染后，营养根上长出瘤状物，形成根瘤，影响牡丹的生长、开花。

根结线虫的种类为北方根结线虫。牡丹根结线虫以雌虫和卵在牡丹根部越冬，第二年初次侵染牡丹新生营养根主要是越冬卵孵化的二龄幼虫。根线虫的特点是根瘤上长须根，须根上再长瘤，可以反复多次，使根瘤呈丛枝状。可通过病土、流水、工具和带病苗木传播。

化学防治：每株施40%甲基异柳磷或1.8%阿维菌素1～2ml，稀释300～500倍，灌根。防治效果均在85%以上。间作农作物不要套种花生。

（5）金针虫、蝼蛄、蛴螬、地老虎灌根防治。50%辛硫磷乳油 1 000 倍液或 40% 甲基异柳磷 500 倍液灌根防治。毒饵诱杀：40.7% 乐斯本乳油或 50% 辛硫磷乳油 0.5kg 煮至半熟或炒香的饵料（麦麸、豆粕等）作毒饵，傍晚均匀撒施。

（三）油用牡丹种植单产效益

栽植油用牡丹每亩用种苗 3 300 株左右，种苗成本约 0.3 元/株（1~4 年生种苗平均价格），计 1 000 元/亩；每年管理费用约计 800 元/亩（肥料、农药、中耕除草）。油用牡丹第三年起开始结籽，5~30 年为高产期，产籽寿命可达 60 年以上。油用牡丹高产期每亩可收牡丹籽 400kg 左右（凤丹种子千粒重约 360g，2 800~3 000 粒/kg，平均每株结 8 个蓇葖果，每个蓇葖果含牡丹籽 50 粒左右，每株结牡丹籽 400 粒，亩产量一般应达 470kg 左右），单价按去年收购价 18 元/kg 计算，亩收入可达 7 200 元左右。

按 30 年为一个生产周期，总投入为 25 000 元/亩，26 年总收入为 187 200 元/亩，周期纯收入 162 200 元，每年每亩纯收入为 5 400 元，是种植普通农作物的 3 倍多（未计算前期套种间作收益及最后丹皮收益）。且栽植油用牡丹是一次性投入，多年受益，而种植普通农作物每年都需要投入，无论是单位面积的产量，还是投入成本，栽植油用牡丹都具有无可比拟的优势。

第二节　观赏牡丹种植

牡丹有"春开花，夏打盹，秋生根，冬休眠"的生长习性，露地栽培应根据这些特点，采取相应的技术措施。

（一）选地与整地

牡丹为深根性肉质根，性宜燥不宜湿，故应选择地势较高、排水畅通、光照充足、土层深厚、疏松肥沃的砂质壤土，pH 值以 6.5~7.2 为宜。

地块选好后，深犁 50cm 左右，进行晒垡。晒垡过程中，如生有莎草、蓟草、小旋花等根生性杂草，就可用广谱性除草甘膦等喷施，使杂草的根系死亡，以减轻牡丹栽植后的除草负担。

在秋季牡丹栽植前一个月左右，施入基肥、土壤杀虫农药。基肥一般使用腐熟的豆饼、羊粪、鸡粪等，土壤杀虫一般使用辛硫磷、呋喃丹等。然后，旋耕深度 20cm 左右，使肥料、农药和土壤混匀，整平地表。旋耕后，可待雨水下透，使土壤落实，便于挖坑栽植。

（二）栽植时间和方法

牡丹露地栽植适宜的时间为秋季，以 9 月上旬至 10 月上旬为宜；菏泽当地有"七勺药，八牡丹"之说，意思就是说，农历的 8 月栽植牡丹。北方降温较早，可适当提前，南方温度较高，可适当延迟。

在整好的地块内，可以进行分株苗的栽植，按照分株苗的栽植方法，进行栽植。

（三）浇水和施肥

牡丹具有发达的肉质根，入土可达 1m 以上，吸水保水能力很强，在菏泽正常的降水条件下，栽植时不需要浇水，正常生长时也不需要浇水。

对于 1、2 年生幼苗，由于根系栽植时受到较大损伤，抗旱能力差，遇到旱情时，要及时浇水；3 年生以上的牡丹，遇到严重干旱时才需要浇水。浇水时以黄河水、雨水为好，菏泽当地的地下水通常含有较多的盐分或呈碱性，均不宜使用。

牡丹在栽植前，一般施入大量的有机肥作为底肥，以后每年施肥一到两次。春季地面解冻后，可施入复合肥或掺混肥，促进苗木生长和开花；夏季也可在雨前施入复合肥或化肥。牡丹所用的复合肥或掺混肥以氮磷钾各占 1/3 为宜。

（四）整形和修剪

进行苗木生产的种苗，栽植前通常进行平茬，每个枝条保留基部的芽，以降低生长点，减少开花，集中养分进行新枝的生长，迅速增加枝条数量，为以后大量开花形成苗木基础。即便有些苗木形成花蕾，在将要开放时，花农也常常为了节省养分，将花蕾去除。菏泽花农常说的"养花不见花"，就是这个原因。

对于进行苗木生产的专业苗圃而言，在牡丹幼苗生长的前 3 年，一般每年都要平茬，直到达到 8~10 个枝条，有些催花的品种，要求达到 10~12 个枝条。对于枝条超过这个数量的植株，则要在春季 3 月中旬进行"拿芽"，剔除过多的萌蘖芽。

（五）花盆栽植

牡丹只是在进行反季节开花或春季异地展览时，才进行盆栽，可以说是"临时性盆栽"，开花过后通常被舍弃或重新栽植到大田中，真正意义上的多年在花盆中生长的盆栽牡丹几乎没有。

经过数年的研究和实践，认为芍药根嫁接的牡丹，特别是日本产的芍药根，较适于进行盆栽。芍药根同牡丹根相比，通常根系较短，更容易栽植在花盆里；同牡丹根相比，芍药根更粗大，保水能力更强，移栽时几乎没有缓苗期，更便于随时移入花盆。

第二章　木　瓜

木瓜系蔷薇科，属落叶小乔木，在菏泽有1 000多年的悠久历史，是菏泽传统的栽培树种。菏泽古称曹州，故菏泽木瓜又称曹州光皮木瓜，光皮木瓜种植是菏泽市传统产业，当地农民自古就有木瓜种植的习惯，并积累了丰富的种植经验。曹州光皮木瓜既是绿化美化环境的珍贵优良树种，也是重要的优良观果盆景树种。木瓜中含有丰富的齐墩果酸等有机酸，加工产品不需添加防腐剂、柠檬酸、香精、色素，是风味独特的纯天然绿色食品。

第一节　木瓜栽培技术

1. 木瓜苗及木瓜种的处理

曹州光皮木瓜的十几个品种中，果个差异较大，在0.3～3.5kg。菏泽主栽品种有玉兰、剩花、佛手、狮子头、豆青等。其中玉兰、剩花、豆青具有结果早、产量高、果实大、果肉厚、种子少、加工利用率高的特点。光皮木瓜苗木繁育可采用苗木栽植和种子播种。木瓜苗栽植时，一般选择二年生木瓜苗。二年生木瓜苗要保证符合以下技术要求。

（1）有完整且发达的根系。

（2）植株高度超过90cm。

（3）无病虫害，无机械损伤，植株完整。

木瓜地膜覆盖栽植时间为春季，2月上旬至3月中下旬。木瓜苗根系用5波美度石硫合剂浸蘸晾干后待植，种子有1/3露白时即可播种。

2. 整地

整地前，应根据苗圃地肥力状况，施足基肥。一般每亩应施质量高的农家肥4 000～5 000kg，圈肥、堆肥、羊粪均可，鸡粪要充分发酵以后再施用。除农家肥外，可加入少量化学复合肥，每亩施复合肥 10kg 左右，与农家肥一起撒施。

整地深度一般应在 20cm 以上，同时，随耕随耙，以利于土壤保墒土块破碎，减少水分蒸发，使圃地疏松、细碎、平整、无残根、无石块。

3. 栽植

木瓜园应选择背风向阳，排水良好，土壤 pH 值在 6.3~7.8 的沙壤土地区。栽植密度以株行距 5m×5m 或 5m×4m 为宜。每公顷栽植 390~495 株，也可变化密植，先按 2m×3m 定植，4 年生初结果时，隔 1 株挖去 1 株，用作绿化苗卖掉，提高前期效益。因木瓜不同品种间相互授粉较自花授粉坐果率高，故传统采用主副品种 2~3.1 成行混植。栽植前挖长宽各 1m、深 80cm 的穴，每穴施入土杂肥 40kg，与表土混匀后，浇水沉实，栽后盖地膜以提高成活率。

4. 田间管理

（1）中耕除草。定植成活后，每年春秋二季结合施肥中耕除草二次，锄松土壤，除净杂草。冬季松土时要培土，以利防冻。

（2）施肥。木瓜施肥分基肥和追肥两种。基肥一般在果实采收后进行，基肥以有机肥料为主，占全年施肥量的 70% 左右，施氮量占全年施氮量的 2/3，追肥多在花芽分化前这一时期进行。

木瓜追肥又分土壤施肥、根外追肥两种，具体如下。

① 2 月下旬至 3 月上旬，0.5%~1% 尿素喷淋树体施氮。

② 5 月中上旬，每隔 10d1 次，以氮肥为主，适当增施磷钾肥，开花前，连喷 2~3 次 0.3% 硼酸，加 0.3% 的尿素液，每株施 3g 硼砂。

③ 6 月每 10~15d 施 1 次，以氮肥为主，适当增施磷钾肥，每株施 100g 左右。并喷布 250~300g 尿素液 1 次。

④ 7—8 月每月 1 次，每次施 150~200g/株复合肥。

⑤ 10 月中下旬，每株施 50~100g 复合肥，并喷布 30~50g 尿素液。木瓜的施肥应与排灌水工作相结合，特别是在谢花后半个月和春梢迅速生长期内，田间持水量宜维持在 60%~80%。

（3）花期人工授粉。选取质量优良的授粉品种，从健壮树上采摘含苞待放的铃铛花，取出花药，用 10kg 水，0.5kg 白糖，30g 尿素，10g 硼砂，20g 花粉，配成花粉的 500 倍液进行人工喷雾辅助授粉。

（4）整形与修剪。曹州光皮木瓜树形常选用多主枝自然圆头形或小冠疏层形。多主枝自然圆头形树在栽后留 70~100cm 定干，定干后，从萌枝中选留 4~5 个生长健壮的枝条，各枝向四周交错排开，冬剪时每枝剪留 15~30cm，中心干延长头较其他枝多留 10cm。第二年冬剪时，每枝顶部选留 2 枝，成叉状，在 20~30cm 处短截，其他疏除。小冠疏层形树在定植后留 70cm 定干，冬剪时选一生长旺的直立枝为中心干，第 1 层主枝选留 3~4 个；第二年冬剪选留 2~3 个方向适宜的壮枝作为第 2 层主枝，层间距 60~80cm；第三年按同样的方法培养第 3 层主枝，留 2 个主枝，最终控制树高在 3.5m 左右。木瓜萌芽力和成枝力较强，修剪以夏剪为主，冬剪为辅。夏季利用疏枝、摘心、扭梢、疏花疏果、疏叶等措施，调整树势，通风透光。冬剪主要任务是短截壮枝，疏除过密枝、细弱枝和病害枯枝，缓放中庸枝。一般修剪时疏花芽，开花芽疏蕾，开花时疏花，谢花后一周至一个月内完成疏果。

（5）花果管理。曹州光皮木瓜有单花单果的特性，但人工辅助授粉，并在盛花期喷 0.3% 硼砂 + 0.2% 尿素 + 0.1% 磷酸二氢钾和 600 倍宝丰灵混合液 1~2 次，可提高坐果率。疏花时每 20cm 左右留 1 朵壮花，谢花后 1 周至 1 个月内完成疏果，疏果应根据品种、果个大小和各类枝条的负载力进行，各主侧枝尽量留枝条基部和中部的果实，留果间距 30~40cm。为获得外观光滑的果实可采用套纸袋的方法。

第二节　主要病虫害及其防治

1. 常见的病害及防治方法

（1）猝倒病。俗称小脚瘟。这种病多发生在早春育苗床上，常见的症状有烂种、死苗和猝倒 3 种。烂种是播种后，在其尚未萌发或刚发芽时就遭受病菌侵染，造成腐烂死亡。死苗是种子萌发抽出胚茎或子叶的幼苗，在其尚未出土前就遭受病菌侵染而死亡。

猝倒是在幼苗出土后、真叶尚未展开前，遭受病菌侵染，导致幼茎基部发生水渍状暗斑，继而绕茎扩展，逐渐缢缩呈细线状，幼苗地上部因失去支撑能力而倒伏地面，一般病苗叶片仍保持绿色。苗床湿度大时，在病苗或其附近床面上常密生白色棉絮状菌丝，有别于立枯病。

防治方法：种子沙藏前，用高锰酸钾或甲基托布津消毒。应选用无病新土、塘土或稻田土，忌用带菌的旧苗床土、瓜菜田土。并用50%多菌灵可湿性粉剂500g加细土100kg，或用40%五氯硝基苯可湿性粉剂300～500g加细土100kg制成药土，播种后覆盖1cm厚土壤。加强苗床管理，避免低温、高湿的环境出现。药剂防治。出苗后发病时可喷64%杀毒矾可湿性粉剂500倍液，或喷施25%瑞毒锰锌可湿性粉剂600～800倍液，可用于灌根，可喷50%多菌灵可湿性粉剂500倍液。

（2）炭疽病。属真菌性病害，喜温暖多雨的环境，可为害枝、叶、果等，常造成落叶、枯枝、僵果、落果及贮运期果腐。被害果面出现黄色或暗褐色的水渍状小斑点，随着病斑逐渐扩大，病斑中间凹陷，出现同心轮纹，上生朱红色黏粒，后变小黑点，病斑可整块剥离。叶片上，病斑多始自叶尖或叶缘，近圆形或不规则形，稍凹陷，由黄褐色转灰白，边缘深褐，分界明显。在叶柄上，多发生于即将脱落或已脱落的叶柄上，病健交界不明显，上面密生黑色小点或朱红色黏粒。

防治方法：加强栽培管理，增强树体抗性。进行深翻压绿改土，培养强大吸收根群，增施磷钾肥，避免偏施氮肥，合理排灌，做好防冻、防虫工作。冬季结合清园，剪除病枝、病叶、病果，清扫地面落叶、落果，集中烧毁或深埋，清园后喷波尔多液或多硫悬浮剂1～2次。药剂防治。在8—9月，发病季节每隔10～15d喷1次，连喷3～4次。药剂可选择70%甲基托布津可湿性粉剂800～1 000倍液，或用40%灭病威悬浮液250～300倍液，或用50%多菌灵可湿性粉剂800倍液，或用50%施保功可湿性粉剂1 500～2 500倍液，并及时清除病果。适时采果，避免过熟采果。选晴天采果，采果时注意轻拿、轻放，避免采摘时弄伤果实，在采果前两周喷70%甲基托布津可湿性粉剂1 000倍液，可起到防腐保鲜的作用。

（3）褐腐病。又称烂果病。病斑不下陷，呈褐色是和炭疽病（病斑下陷、呈黑色）的主要区别。主要为害果实，极少为害枝干和叶片。果实发病多在近成熟期和贮藏期。受害果实多以皮孔和伤口为中心，初期产生褐色水渍状小斑点，近圆形迅速发展。病斑淡褐色或褐色，病斑不下陷，纵剖面呈漏斗状直至髓心。如环境适宜，数天即可全果腐烂，并溢出茶褐色黏液，发出酸臭气味。后期病斑产生黑色小粒点。病果腐烂失水后形成黑色僵果。

防治方法：选用优良抗病品种。多施有机肥、加强栽培管理。疏除影响光照的直立枝、徒长枝、过密枝、交叉枝、重叠枝、内向枝，改善通风透光条件。清除初侵染源，把上年的病、残、僵果冬剪时集中深埋。避免和苹果、梨树混栽。发芽前喷一遍 3 ~ 5 波美度石硫合剂清园。7 月下旬开始，每半月喷布 1 次杀菌剂，交替使用 800 ~ 1 000 倍甲基托布津、600 倍代森锰锌、800 倍 50% 多菌灵和倍量式 200 倍波尔多液。需要注意的是，在使用当中，内吸杀菌剂和保护剂（表杀药）要交替使用。

2. 常见的虫害及防治方法

（1）蚜虫。4—5 月发生较严重。为害嫩梢，使叶片发黄卷缩，甚至脱落。

防治方法：育苗应远离桃园等其他寄生植物，清除田间杂草。拔除发病严重的病株。畦面覆盖银灰膜驱蚜虫。苗期及生长期用 32 目网室覆盖防蚜。早春发芽时喷洒 5% 的柴油乳剂，消灭越冬虫卵。5 月上中旬，蚜虫初发期用 10% 吡虫啉 4 000 ~ 6 000 倍液或蚜虱绝 2 000 ~ 4 000 倍液。用 40% 乐果乳油 1 000 ~ 2 000 倍液喷雾，或用 50% 马拉硫磷乳油 1 000 ~ 2 000 倍液喷雾，或用 1 : 1 : 10 的烟草石灰水喷杀。

（2）桃红蜘蛛。此虫以刺吸式口器刺入叶片组织内吸取汁液，被害叶片由灰白色小点扩大为全叶灰褐色，最后焦枯脱落。芽受害后不萌发即枯死，严重时 7 月、8 月树叶大部分脱落，造成二次开花，不仅影响当年产量，还影响花芽形成和翌年产量。

防治方法：果树发芽前，彻底刮除主干及主枝上的粗皮翘皮，集中烧毁以消灭越冬雌螨并喷 3 ~ 5 波美度石硫合剂。出蛰前，在树干基部培土拍实，防止雌螨上树。出蛰盛期，喷 0.3 ~ 0.5 波美度石硫合剂，尼索朗 1 500 ~ 2 000 倍液，螨死净 1 500 ~ 2 500 倍液，爱杀螨 3 000 ~ 4 000 倍液。谢花 1 ~ 2 周，喷速螨唑 3 000 ~ 4 000 倍液，爱杀螨 3 000 ~ 4 000 倍液，或用螨天杀乳油 2 000 ~ 3 000 倍液。6月中旬以后，虫口密度加大，应在杀卵的基础上杀灭成虫，一般用杀卵效果较好的 20% 螨死净乳油 1 500 倍液或尼索朗乳油 1 500 倍液，加上杀成虫效果好的三唑锡乳油 2 000 倍液或蛾螨灵粉剂 3 000 ~ 5 000 倍液喷撒全树及叶背面，彻底消灭红蜘蛛。

第三节　高龄木瓜树在园林的移植复壮处理

对高龄木瓜树的园林移植，不但要重视其适生的外界环境，同时，也不应忽视其自身的生长发育规律。木瓜树在我国长江以北，黄河以南地区，花期主要集中在阳历 3—6 月，果熟期 10 月中下旬，所以这一地区的园林栽植应保证在其落叶期进行。移植过程中首先要注意的是选择那些长势较好，无严重病虫害，树形保持良好的树体，同时，木瓜树的原生地要求便于开挖施工作业，运输车辆进出无障碍。木瓜树的表皮斑纹明显，也是木瓜树引人注目的重要一面，所以，在施工作业前，应用草绳从树根部起进行封闭缠绕，以防止吊装过程中的树皮损伤。对土球直径的开挖应保证足够大的规格，对土球部分也要进行草绳封闭包装。木瓜树无明显独立主根，侧根较多，因此，在开挖过程中，对侧根的保护尤其重要，遇粗壮的侧根可用锋利的手锯锯断，防止侧根撕裂，影响成活率。

在高龄木瓜树的移植复壮处理过程中，其中几个要点应该得到重视。

（1）木瓜树原生地的土壤湿润度。在开挖土球前，对树体周围的土壤进行必要的浇灌，但应注意不能过于潮湿，以便于开挖后的土坨原形保持，防止土坨开裂。

（2）吊运过程中的树体稳定。在树体的吊装过程中，应用牢固的绳索将树体与车身紧固，防止过分晃动导致土坨开裂。

（3）假植地的过渡栽植。选择一立地条件良好，交通运输方便的栽植地进行定植前的过渡培养。栽植前，应在树坑内填入少量有机肥与生根剂（用 ABT 生根粉最好）。

（4）疏枝与修剪。对新移植的高龄木瓜树应尽量减少重短截，对一些严重影响树形的不必要的多余枝条可适当修剪，但剪后一定要对伤口进行封闭处理，可用松香或桐油涂抹伤口，然后用塑料布包扎伤口部位。

（5）栽后管理。新移植的木瓜树要一次浇足水，如果在特别干旱的季节，还要对树冠部分进行喷雾保湿，防止顶梢抽干。

木瓜树在移植后的生长期间，还应注意病虫害的防治，主要是防治蛀秆类害虫的为害。其次，在雨季还应注意及时排水防涝。这样经过一个生长期的定植培养，便可以恢复其正常开花结果。

第三章　菊　花

菊花为菊科菊属的多年生宿根草本植物。按栽培形式分为多头菊、独本菊、大立菊、悬崖菊、艺菊、案头菊等栽培类型；按花瓣的外观形态分为园抱、退抱、反抱、乱抱、露心抱、飞午抱等栽培类型。不同类型里的菊花又命名各种各样的品种名称。

菊花排中国十大名花第三，花中四君子（梅兰竹菊）之一，也是世界四大切花（菊花、月季、康乃馨、唐菖蒲）之一，产量居首。因菊花具有清寒傲雪的品格，才有陶渊明的"采菊东篱下，悠然见南山"的名句。中国人有重阳节赏菊和饮菊花酒的习俗。唐·孟浩然《过故人庄》："待到重阳日，还来就菊花。"在古神话传说中菊花还被赋予了吉祥、长寿的含义。

经长期人工选择培育的名贵观赏花卉，公元8世纪前后，作为观赏的菊花由中国传至日本。17世纪末叶荷兰商人将中国菊花引入欧洲，18世纪传入法国，19世纪中期引入北美。此后中国菊花遍及全球。

第一节　菊花的前期管理

菊花喜温暖气候和阳光充足的环境，能耐寒，怕水涝，但苗期、花期不能缺水，菊花属短日照植物，对日照长短反应很敏感，每天不超过10h的光照，才能现蕾开花。

1. 选地整地

种植菊花的土地对土壤要求不严，但直选择排水良好，肥沃、疏松，含腐殖质丰富的土中生长为好。黏地和低洼地不宜种植，盐碱地不宜种植，忌连作。

2. 养殖方法

有分株养殖和扦插养殖。

分株定在 11 月收摘菊花后，将菊花茎齐地面割除，选择生长健壮、无病害植株，将其根全部挖出，重新栽植在一块肥沃的地块上，施一层土杂肥，保暖越冬。翌年 3—4 月扒开粪土，浇水，4—5 月菊花幼苗长至 15cm 高时，将全株挖出，分成数株，立即栽植于大田，栽时株行距为 40cm，挖穴，每穴栽苗 1~2 株，栽后盖土压实，浇定根水，一般 1 亩老苗可栽 15 亩左右的生产田。

扦插育苗 4—5 月或 6—8 月，选择粗壮、无病害的新枝作插条。取其中段，剪成 10~15cm 的小段，用植物激素处理插条，然后将插条插入苗床，行距 20~25cm，株距 6~7cm、压实浇水，约 20d 即可发根，每隔一个月后追施一次人畜粪水，苗高 20cm 时可出圃移栽。

3. 移栽

分株苗于 4—5 月、扦插苗于 5—6 月移栽。选阴天或雨后或晴天的傍晚进行，在整好的畦面上，按行株距各 40cm 挖穴，穴深 6cm，然后，带土挖取幼苗，扦插苗每穴栽 1 株，分株苗每穴栽 12 株。栽后覆土压紧，浇定根水。

第二节　菊花的田间管理

1. 中耕除草

菊苗移栽成活后，到现蕾前要进行 4~5 次除草。每次除草宜浅不直深，同时要进行培土，防止菊苗倒伏。

2. 追肥

菊花喜肥，除施足基肥外，生长期还应进行 3 次追肥。第一次在移栽返青后，施 10~15kg 尿素，催苗。第二次在植株分校时，每亩可施饼肥、人粪尿。第三次施肥在现蕾期。

3. 摘蕾

菊花分枝后，在小满前后，当苗高 25cm 时，进行第一次摘心，选晴天摘去顶心 12cm，以后每隔半个月摘心一次，在大暑后停止，否则分枝过多，营养不良，花头变得细小，反而影响菊花的产量和质量。

4. 病虫害防治

菊花常见的病害有根腐病、霜霉病、褐斑病等。在多雨季节，菊花易发生全株叶片枯萎，拔起一看，根系霉烂，并有根际线虫，严重影响菊花的生长。防治方法是移栽前用呋喃丹处理菊苗和栽种穴，可避免烂根。另外，发现病株要及时拔除；雨季要及时排除田间积水。其他病虫害可按常规方法处理。

5. 采收加工

一般于霜降至立冬采收。以花心散开2/3时为采收适期。采收菊花要选择晴天，采收后要及时加工，防止腐烂、变色。各产区都有传统的加工方法。毫菊的加工方法如下：在花盛开齐放、花瓣普遍洁白时，连茎秆割下，扎成小捆，倒挂于通风干燥处晾干，不能暴晒，否则香气差。晾至八成干时，即可将花摘下，置熏房内用硫黄熏白，熏后再薄摊晒1d即干燥。然后装箱。贡菊的加工方法是：直烘房内供炼干燥，以无烟的木炭作燃料，供房温度控制在40～50℃，将菊花摊于竹帘上，当花色烘至象牙白时，从烘房内取出，再置通风干燥处至全干。菊花的亩产一般在100kg左右，以朵大、花洁白或鲜黄、花瓣肥厚或瓣多而紧密、气清香者为佳品。

第三节 菊花的矮化栽培

1. 适当推迟扦插时间

为了缩短菊花的生长期，扦插时间可以推迟到6月上旬进行，独本菊可以在7月上旬扦插。在上盆时适当浅栽并且要先栽小盆。菊花上盆时，盆土应放至盆高的1/2处，以后再随着茎秆的长高而逐渐加土。上盆时先移植于小盆中，以避免小苗因大盆内水分与养分充足而徒长，立秋后可再换入大盆。

2. 定时对菊花摘心

摘心是控制菊花高度，防止其徒长的最好办法。摘心的时间与次数视扦插时间、栽培方法以及品种特性等情况而定，一般须

2～3 次能达到调整花朵数量和质量，并把植株控制在理想高度，提高观赏价值的目的。一般扦插时间早，留花数多。生长势强的摘心次数可多，反之则少，甚至不摘心。最后一次摘心应在立秋前进行，如果过早，茎会生长过高。实践证明，先摘顶心，以后分批抹去全部腋芽、侧枝，养根护叶，促使地下茎萌发脚芽，最后齐土面剪除老茎。这样从上到下逐层摘心除枝，诱导脚芽早出土并苗壮生长，最终开出硕大花朵，培育成矮壮型菊花，效果更好。严格控制肥水并且定期喷施多效唑。浇水宜在 10 时前进行，这样可以使盆土在夜间保持干燥状态，从而控制菊花茎秆的生长；傍晚若菊叶缺水萎蔫，可在花盆四周喷水，借以提高空气湿度；切忌在傍晚时浇水，若夜间盆土潮湿会导致茎生长加快，难以控制高度。

另外，在苗期至花蕾形成的期间，每 10d 用植物生长调节剂喷洒菊株，一般每盆土施 2～4mg，叶面喷布 80～160mg/kg 的 PP 333，喷 1～2 次，最后一次在摘心后一周进行为宜，可有比较明显的矮化作用，现蕾后应停止喷施。

第四节　菊花落叶的防治

菊花喜肥沃、透水性强、偏酸性土壤，pH 值大于 7.5 极易导致下部脱叶或全株叶片发黄，腐叶土最适合植菊。

1. 正确选择用土

菊花喜肥沃、透水性强、偏酸性土壤，pH 值大于 7.5 极易导致下部脱叶或全株叶片发黄，腐叶土最适合植菊。

2. 适时浇水

不让菊花严重缺水，植物均有保命本能。缺水下部叶片自然枯萎，降低水分散失。

3. 叶面施肥

进入 9 月每周往叶面喷施一次 2‰ 的尿素溶液，能使叶片坚挺、深绿、肥厚。

4. 防止泥土溅在叶片上

第五节　菊花的盆栽要点

最好在菊花盆面放些瓦片、碎石或蛋壳之类的小东西。

菊花为多年生宿根亚灌木，因其品种繁多，所以叶形、花型、花色变化极大。要使栽培的菊花花形大、颜色美、叶色绿、高矮适中、体态匀称，必须抓好以下几项技术措施。

1. 适期控肥

菊花喜肥，若施肥不当易引起徒长，施肥过多，则株高叶稀，因此，基肥应以磷、钾肥为主。施追肥不可过早，如果叶片小而薄、叶色泛黄，可多次喷施0.1%尿素水至转绿时为止。如出现缺磷、钾肥等症状，应喷施0.2%磷酸二氢钾溶液。立秋后至开花前，肥水宜充足，其浓度要逐渐增加，并应注意增施磷钾肥，可使花色正、花期长。

2. 适当控水

要让菊花长得矮壮、节密、叶肥、不赤脚，控水是唯一的有效措施。盆菊浇水要适时适量，即使是生长旺盛期，每天的浇水量也只需保持到白天中午蒸发所需的水量，即每天早、晚给叶片喷一次叶面水。

3. 适盆换土

菊花的整个生长过程中，一般需要换盆2~3次。幼苗期移栽在直径约12cm的小盆养护，壮苗期换入直径约15cm的盆内培养，花蕾分化前再换入直径约20cm的盆中培养，这时应适时加施肥料，只有这样，花盆逐渐增大，盆土逐渐增多，才有利于供给各个生长发育阶段所需的适量水肥。切忌大盆养小苗或小盆养大苗。若发现枝叶过盛，可去掉部分宿土或须根。

4. 及时摘心

及时摘心可促发侧枝，有效地压低株高。盆栽的摘心时间和次数，因不同选形艺术而异，一般留4~7朵，菊苗定植后留4~5片叶摘心，等其侧枝长出4~5片叶时，每个侧枝再留2~3片叶进行第二次摘心。

5. 抹芽疏蕾

菊花壮苗期，萌发出许多腋芽，需及时用手指捏掉，否则消耗大量养分，且能发出许多小侧枝，使植株显得杂乱无章。孕蕾期，在顶蕾下的小枝上有时出现旁蕾，除因需要保留的以外，也应及早去掉旁蕾，促进顶蕾肥大。

6. 养好脚叶

俗话说"鲜花还需绿叶配"。做到适期扦插，在盆菊生长期间，合理施肥、浇水、预防病虫害，即可防止脚叶枯黄脱落，又可确保叶片青秀，提高观赏效果。

第四章　玫　瑰

玫瑰是蔷薇科蔷薇属植物，属落叶灌木，枝秆多针刺，奇数羽状复叶，小叶 5～9 片，椭圆形，有边刺。花瓣倒卵形，重瓣至半重瓣，花有紫红色、白色，果期 8—9 月，扁球形。枝条较为柔弱软垂且多密刺，每年花期只有一次，因此，较少用于育种，近来其主要被重视的特性为抗病性与耐寒性。

玫瑰花中含有 300 多种化学成分，如芳香的醇、醛、脂肪酸、酚和含香精的油和脂，常食玫瑰制品的功效以柔肝醒胃、舒气活血、美容养颜为主，令人神爽。玫瑰初开的花朵及根可入药，有理气、活血、收敛等作用、主治月经不调，跌打损伤、肝气胃痛，乳臃肿痛等症。玫瑰果的果肉，可制成果酱，具有特殊风味，果实含有丰富的维生素 C 及维生素 P，可预防急、慢性传染病、冠心病、肝病和阻止产生致癌物质等。用玫瑰花瓣以蒸馏法提炼而得的玫瑰精油（称玫瑰露），可活化男性荷尔蒙及精子。玫瑰露还可以改善皮肤质地，促进血液循环及新陈代谢。

玫瑰的栽培最主要的方式是建立玫瑰园，进行集约经营，使玫瑰花生产达到速生丰产，从而实现较高的经济效益。

第一节　玫瑰园的建立

1. 园址的选择

玫瑰园应选择在地势平坦、土层深厚、土壤肥沃、土壤质地适中、浇水及排水条件便利、交通方便及附近空气、水源无污染的地方，切忌选择土层浅及土质黏重的地块。

2. 玫瑰园的整体规划设计

当玫瑰园地址、面积确定以后，要首先绘出平面图，再根据道路、地势、水井配方位，先在平面图上设计并按比例尺标绘出办公室、仓库、宿舍、道路、生产路、栽培区、水渠、排水沟等方位。总的要求是方便生产，方便管理。其中生产用路宽度不低于2m，可通行小拖拉机和机动三轮车；交通干线宽度不低于3m，可通行汽车和大拖拉机。生产用路应和排灌水渠相结合，以便作业方便并节约土地。

3. 玫瑰园株行距的设计

玫瑰园栽植株行距大小差异很大，形式多样，各有利弊。

现对目前玫瑰园常见组成方式介绍如下。

（1）宽畦单行灌丛型。畦宽2m，墩状栽植，畦内正中栽1行，成型后行距为2m，墩距为1.5m，每墩为一圆形灌丛。该方式属稀植型，每亩仅定植222墩。该方式优点是植株通风透光条件好，可维持多年，但该方式由于定植株数少而影响到早期单位面积产量。

（2）宽畦双行绿篱特密型。畦宽2m，畦内栽2行，畦内行距为50cm，行间行距1.5m，墩距50cm。折合每亩栽1 332墩，该方式密度大，成型后畦内呈绿篱形，有利于鲜花早期丰产，但三年以后要对枝丛中的衰败枝及时进行疏剪，严格控制花枝数量，防止枝丛中部空档，开花部位外移，影响整体通风透光，从而导致鲜花产量下降。

（3）窄畦单行疏丛型。畦宽1.5m，每畦中间栽1行，墩距1.5m，行间三角配置，成品字形排列。该方式属中等密植，折合每亩折合定植296株。

（4）窄畦隔行特稀丛型。畦宽1.5m，隔畦栽植，行距为3m，墩距为2m，折合每亩定植111株，属特稀密度型。该方式的优点是所形成灌丛高大，上、下空间利用率高，该密度可持续时间长（10～15年），但早期丰产性差。

（5）窄畦单行密植型。畦宽1.5m，单行栽植，墩距1m，折合每亩定植444墩。该方式有利于前期鲜花丰产，5年以后待植株郁闭时隔行、隔株伐除，则成为上述第4种栽培类型。

综上所述，玫瑰园栽植有多种方式，每种方式都有一定的优点和缺点，可根据当地立地条件的好坏及生产管理集约程度、苗木的丰歉来自行选择。

4. 玫瑰园的苗木栽植

（1）栽植时间。栽植玫瑰的时间要依地区不同而有所差异。一般来说在我国南方地区整个秋季和冬季都可栽植；我国华北黄河流域及以南地区应在秋季落叶后进行栽植，时间应尽量提前，其中，以在寒露前后栽植最为适宜，栽植当年即能生根，来年春天发芽早，生长旺盛。但在苗木栽植完以后应进行高培土，防止苗木根系受冻和风干而影响成活。在黄河流域以北寒冷地区因气候寒冷，土壤结冻厚，故以春季栽植为宜，以在芽子萌动前栽植成活较好。

（2）栽植方法。

①挖好栽植坑。所建玫瑰园要使鲜花优质高产，必须对苗木挖坑栽植，栽植坑大小因栽植密度而异，密度越稀则应挖坑越大。一般栽植坑长宽各60～80cm，深度50～60cm。栽植坑应尽量提前挖好，以利坑内土壤风化，改善土壤通气性能。

②施足底肥。一般每栽植坑要施入优质土杂肥20～30kg和轧碎的钙镁磷肥0.5kg，栽前将粪肥和土壤拌匀后回填于坑内。

③苗木栽前保湿假植。如玫瑰苗木系从外地调入，则应将苗木及时进行挖沟假植，沟深50～60cm，将苗捆解开，斜放在沟内，埋上湿土进行保湿。如沟内土壤干燥，应适当往坑内加水以增加沟内土壤湿度。如果在寒冬对苗木进行假植，应加厚埋土厚度，也可在其上加盖作物秸秆（玉米秸等），以利保温保湿。

④苗木枝梢和根系修剪。苗木栽植前应对苗木枝梢剪去1/3～1/2，以减少地上蒸腾失水，可有效的提高成活率，且适当截干可以刺激长出旺盛的新梢。对苗木根系中发生劈裂、有病虫害及生长过长的根系应进行剪除。对压条苗、分株苗腐朽的老根，应进行切除，以刺激其生长出新根。

⑤栽前苗木根系浸水。在苗木栽植前如发现苗木有失水现象，则应将苗木根系浸泡在清水中10～12h，使苗木充分吸水，提高苗木的抗旱能力，以提高栽植成活率。

⑥苗木栽前沾营养泥浆。苗木根系沾上泥浆可以使苗木栽植后根系和土壤之间能更好的结合，并从土壤中尽早得到营养。营养泥浆的配制方法是20kg水加1.5kg碎干牛粪加50g尿素加15～

20kg 黏土，反复搅拌至稠泥浆状即可。为使泥浆不结块，应在栽苗前一天配制，第二天使用。栽苗前根系沾泥浆后，应将根系上过多的泥浆甩去，使根系不被粘连而成松散状。

⑦栽植。苗木沾泥浆后，将根系放入栽植坑内的栽植穴内，埋土，提苗，踏实，浇透定根水，封土。北方如在秋季栽植，应在冬前进行培土 20～30cm，防止根系受冻。来年春天适时撤除培土，覆盖地膜，以增加地温和保墒。在苗木栽植中，要特别注意一是苗木不要栽得过深，二是埋土后要踏实，三是栽完要浇透定根水。

在定植玫瑰苗木时，为了在栽苗后能尽快使植株形成灌丛，尽早取得产量，对每一个栽植坑内一般实行多苗栽植，即每个栽植坑要定植苗木 5～8 株，最少也要栽 3 株，呈同心圆状定植，株间距离一般为 5～10cm。一栽植坑内需定植苗木株数的多少要依苗木的大小、苗木分枝的多少及玫瑰园设计密度的大小而定。苗木越大、分枝越多及设计密度越稠，则每栽植坑所需定植苗木株数越少，反之则应越多。

第二节　玫瑰园的大田管理

1. 合理施肥

玫瑰根系发达，生长速度快，鲜花产量高，故对土壤中的养分需求量相当大，且玫瑰对养分的需求是多样的，只有不同种类养分合理配合，才能使鲜花优质、高产，且连年丰收。

（1）不同养分对玫瑰的不同作用。氮肥是玫瑰需求的重要营养养分，对玫瑰的营养生长和鲜花产量起重要作用。只有在氮肥供应充足的情况下，才能枝繁叶茂，生长正常。如果氮肥不足，会使玫瑰枝条瘦弱，叶片发黄，新梢生长缓慢。但是如果土壤中氮肥过多，则容易引起枝条徒长，组织疏松，开花少，甚至花朵畸形。

磷肥可以促进玫瑰根系生长，使根系发达，叶面肥厚，花色鲜艳。如果土壤中缺少磷肥，则会使枝条软弱，花朵下垂而无力，所以在每年秋季施基肥时，要掺加适量磷肥。

　　钾肥可促使玫瑰新梢嫩叶生长正常，使鲜花数量增多，花蕾饱满，鲜花含玫瑰油成分高。

　　玫瑰除大量需求氮、磷、钾营养三要素外，还需要一定种类的微量元素，例如，铁、硼、锰、锌等。如土壤中缺少微量元素，则会使植物叶片失绿，甚至使植物器官畸形，发生各种生理病害，影响玫瑰植株的正常生长发育。

　　（2）玫瑰常用化肥的种类和施肥要求。

　　①尿素。尿素是玫瑰生产中经常使用的氮肥，主要是用作追肥。追肥一般采取沟施和穴施，施肥后 5 ~ 7d 见效。施尿素后应及时进行浇水。每亩每次用量一般为 10 ~ 15kg。每年可追施尿素 3 ~ 4 次。对沙性土壤应注意勤施、少施。

　　②碳酸氢铵。简称碳铵，为速效氮肥，只能用作追肥，沟施或穴施，忌地面撒施，挥发快，需及时盖土并结合浇水。施肥后 2d 内见效。施肥时不要使肥料落在植株叶片上而烧伤叶片。每亩每次施肥量为 10 ~ 20kg，每年可追施 3 ~ 4 次。该肥料易溶解而发生流失，应特别注意要勤施和少施。该肥料长时间使用不会破坏土壤结构而使土壤板结，在生产上应用广泛。

　　③过磷酸钙。主要用作基肥，肥效慢，生产上经常与土杂肥拌在一起在秋季作基肥。以沟施为主，每亩用量一般为 30 ~ 50kg。过磷酸钙容易结块，在使用时应充分轧碎或捣碎，否则会烧坏植物根系。在玫瑰秋天生长晚期可利用1%过磷酸钙浸提液进行叶面施肥，效果也很好。

　　④钙镁磷。钙镁磷肥的性质和用法、用量与过磷酸钙相同，但钙镁磷肥无腐蚀性，不吸湿，不结块，使用方便，故在生产上得到广泛采用。

　　⑤硫酸钾。硫酸钾在土壤中移动性小，故可作基肥也可作追肥，尤其在玫瑰现蕾前追施最好，效果显著。玫瑰园越是高产，则越需追施钾肥。硫酸钾一般开沟施入，每亩一般用量 10 ~ 15kg，每年追施一次即可。长期使用硫酸钾会使土壤出现板结，故掺入有机肥中作基肥较好。硫酸钾系酸性，有一定腐蚀性，应避免碰到枝叶上造成烧伤。硫酸钾不可与氮肥、过磷酸钙混施，否则会严重降低肥效。硫酸钾在玫瑰现蕾前采用叶面施肥效果很好，使用浓度为 0.5%，吸收快，效果明显。

⑥氯化钾。氯化钾的性质、用法及用量基本和硫酸钾相同。盐碱地不宜使用氯化钾。

⑦磷酸二铵。磷酸二铵是很好的氮、磷复合肥料，肥效长，肥效高，主要适作基肥，沟施为主，每亩用量 30～50kg。基肥中已加磷酸二铵时则不必再施其他磷肥。

⑧磷酸二氢钾。磷酸二氢钾是磷、钾复合材料，溶解度高，适于作叶面肥，常规使用浓度 0.2%～0.3%，一般每 15d 喷 1 次。也可结合喷药同时进行。

（3）施肥的时间。玫瑰施肥的种类包括基肥和追肥两种。

①基肥。玫瑰基肥在秋季落叶后进行，施肥时间应尽量提早。秋季早施基肥不仅可以使开沟施肥中所受伤的根系得到愈合，生出新根，且可使所施土杂肥在土壤中得到充分腐熟、分解，有利于促进植株来年春天旺盛生长。具体时间在北方地区应以 9 月下旬至 10 月上旬施入为宜。秋季基肥施的过晚，往往影响到来年春天植株正常生长。

②追肥。玫瑰追肥是在春夏生长季节进行，所施肥料以化肥为主，肥效快，针对性强。具体追肥时间可分为萌芽期、花蕾期、盛花期及花后期 4 个时期。在这 4 个时期中，植物生长量大，需肥多，应及时往土壤中补充养分，以保证鲜花产量。我国南方玫瑰产区花农的施肥经验是："三五花红"和"四水三肥花收尽"。意思是说从玫瑰开始形成花蕾到鲜花完全采完要浇 4 次水，施 3 次肥。这足以说明在玫瑰花期多次追施化肥对鲜花的产量具有极为重要的意义。

2. 适时浇水

土壤水分状况对玫瑰的生长、发育、产量至关重要，在整个玫瑰生长季节都要密切关注土壤水分条件的变化。一般来说，我国北方春天天气比较干旱，故应及时浇好催芽水、催花水、盛花水和花后水，相间 15～20d 浇水 1 次，以时刻保持土壤有良好的墒情。实际上在生产当中浇水和施肥是结合进行的，每次追肥以后只要未马上下雨，都要及时进行浇水 1 次，否则使追肥达不到理想的效果。

玫瑰园浇水一般采取畦灌，但该方式用水量大，且易使土壤养分大量流失，故在浇水时应控制水量，以能浇透根际土壤为宜。生产上应提倡窄畦灌溉，可大量节约用水。

在有条件的地方，玫瑰园应该发展滴灌，不仅可以大量节约用水，且可始终保持土壤的通气性，不使土壤板结。

3. 中耕除草

玫瑰园在每一次浇水和下雨之后，都应及时进行中耕除草，不仅可以疏松土壤，而且可防止杂草生长，与玫瑰争夺水分和养分。每年雨季来临，玫瑰园更应多次中耕，以便有效的疏松表层土壤，增加土壤通透性，改善土壤空气状况，保证根系正常生长，并防止根腐病等病害发生。

4. 冬前深翻土地

深秋在玫瑰落叶之后，应对玫瑰园进行全面深翻土地。深翻土地要结合施基肥进行，不仅可以疏松深层土壤，促进根系生长，而且可以提高土壤温度，促进有机肥料腐熟，提高土壤综合肥力，确保玫瑰来年旺盛生长。深翻土地还可以把土壤中的各种虫卵、蛹、幼虫等翻到地上，冬季冻死，减少来年虫害。在深翻地时，应注意靠近树体基部位置浅翻，以免伤害根系，距根系远的位置可深翻。玫瑰园如果行间距离大，也可用拖拉机、牲畜深耕，则可大大节约人力，并减轻劳动强度及提高工作效率，但要保证耕翻到一定深度，才能保证深翻效果。

第三节　玫瑰的整枝和修剪

整枝是指将玫瑰的枝条从基部全部剪除，修剪是指剪去枝条的很少部分。为了促使玫瑰花丛生长旺盛，花色鲜艳，出油率高，必须进行适当的整枝和修剪。

皱叶玫瑰直立丛生，萌发力强，修剪时应注意通风透光，枝条分布要均匀，并保持一定距离，以避免风吹枝条相互搓碰弄坏花头。花丛经过修剪后，可使采收花朵和田间管理操作方便。对新栽种的一到二年生的玫瑰花丛，修剪后既要枝叶生长良好，又能够提前开花。三年生以上的玫瑰园鲜花产量很高，需要及时修剪，防止早衰引起减产。要把玫瑰花修剪好，必须了解修剪后的反应。玫瑰花的品种不同，栽培管理水平不同，以及土壤肥料的差异，修剪后的反应也各不相同。通过修剪应能使玫瑰枝条变得粗壮，其上半部的芽比基部的芽质量好，萌发早，生长旺盛。修剪整校必须了解玫瑰的品种特点和生长习性，掌握修剪原则。在修剪时对粗壮的枝条要控制其向上徒长，在适当的位置剪去顶梢，促使玫瑰生长侧枝，抑制开花部位的上升，避免枝条下部空虚、光秃现象的发生。

在夏季和冬季进行两次适当的修剪，可使枝丛通风透光，增强光照，使营养物质集中到开花的枝条上。枝叶特别旺盛的玫瑰灌丛，采收鲜花不一定多，因为养料大多消耗在营养生长上。反之，如果灌丛开花太多，营养消耗过大，则容易造成灌丛生长势衰弱，严重影响来年的鲜花产量。

玫瑰花修剪整枝的原则是：如果花丛为链珠形栽种法，每丛可选留粗壮枝 15~20 枝；如果是篱形栽种法，枝条之间要保持一定距离，要把交叉枝、密生枝、重叠枝、纤细枝、倒伏枝、枯死枝及病虫害枝剪除，使营养集中到花枝上，才能使开花枝苗壮生长。修剪要结合具体情况，以轻剪为主，除去不需要的枝条。如果一次修剪枝条过多，对制造和储存养分不利，破坏地上部分（枝条）和地下部分（根系）的平衡，影响花枝的生长和来年鲜花的产量。

1. 一次更新法

霜降前后，将玫瑰花的枝条在离地面 5~6cm 处全部剪去，然后用细土把剪留的枝条覆盖，培成馒头形。第二年春天，玫瑰根部生出许多新嫩枝条，待新梢停止生长后，将过密的和瘦弱的枝梢剪去，所留枝条要空间分布均匀，通风透光，并加强肥水管理，第三年春天玫瑰生长旺盛，鲜花丰收。

2. 二次更新法

把花丛的衰老枝条剪去一半，利用剪留下的枝条生产鲜花，等到玫瑰开花采收后再把保留的枝条进行更新，这样不致因修剪枝条而降低鲜花产量。

3. 逐年更新法

各地较普遍采用此法进行玫瑰修剪。每年根据玫瑰枝丛的生长情况，适时剪去枯枝、纤细枝衰老枝和病虫害枝，促使枝丛每年生出新枝条，保持校丛长势旺盛，产量不减，又达到更新复壮的目的。

修剪应注意事项如下。

（1）对嫁接的玫瑰苗，要把砧木上的枝条全部剪掉。修剪枝条要分布合理，不偏向一侧，适当剪去衰老枝，及时更新复壮。修剪一年生枝条要保留外向芽，促使侧枝形成大量花朵。在外向芽上方要留残桩 1~1.5cm，避免枝条向下干枯影响剪口下芽生长。

（2）在修剪整枝时，对直立粗壮的徒长枝，在离地面高 80cm 处剪截，促使其生成侧向开花枝。时间不能修剪过晚，否则不会发芽长枝。对衰老枝条要在离地面 5~6cm 处剪掉，使其萌发新枝。修剪时要选留枝条上的饱满芽，以便培育壮枝。

（3）修剪整枝的时间应在玫瑰花采收完毕之后进行。因为从收花结束到玫瑰休眠落叶，这期间是玫瑰生长发育期，需要大量养分，如令其自然生长，会加重养分消耗，对来年开花枝生长不利，影响鲜花产量。

（4）修剪工具刃口要保持锋利，剪口要平滑整齐，避免撕裂剪口而影响发芽生长。

据有关试验证明，玫瑰进行修剪优点很多。以链珠形栽种的六年生玫瑰花丛为例，在同样管理条件下，经过修剪的玫瑰花丛，枝条粗壮分布均匀，通风透光，生长旺盛，叶片硕大，色泽葱绿，枝条形成大花量多，出油率高，每亩产鲜花 300~400kg。未经修剪的株丛容易衰败，枝条密生交叉，透光通风差，纤细枝多，叶片小，色泽发黄，花朵小，花量少，质量差，出油率低，多有病虫害滋生，每亩产鲜花仅 15~40kg。

第五章　苹　果

苹果是落叶果树中主要栽培树种之一，在世界上栽培较广，年产量仅次于葡萄、柑橘、香蕉，居第 4 位。苹果色、香、味俱全，含有人体健康所必须的多种营养物质。苹果除供鲜食外，还可加工果酒、果汁、果脯、果干、果酱、蜜饯和罐头等。苹果在我国的栽培历史已有 2 000 多年，近年来发展特别迅速。我国是世界苹果第一生产大国，2012 年我国苹果产量比 2011 年增产 6.5%，达到 3 800 万 t，创历史新高，居世界首位，占世界苹果总产量的 63.3%。苹果出口量呈持续增长趋势，鲜果、加工制品的出口量、产值均居各水果之首。我国苹果单产近年来持续增长，但与世界先进水平差距仍较大，且区域发展不平衡。提高质量和产后处理水平，扩大出口，充分发挥区域优势，是苹果产业持续健康发展的关键。只有依靠品种改良和配套技术的完善，按照无公害果品生产标准发展苹果，才能使我国的苹果走向国际市场，参与国际竞争。

第一节　苹果优良品种

苹果属蔷薇科苹果属。苹果属植物全世界约有 35 种，原产我国的共有 22 种。其中，有的是重要栽培种，有的可作砧木，有的则为观赏植物。全世界的苹果品种浩如烟海，据统计约有 1 万个，我国自行培育和从国外引入的栽培品种有 250 多个，经各地生产试栽适于商品栽培的品种，有 30 个左右。

一、早捷

美国品种。果实扁圆形，果面浓红色，单果重 122g，可溶性固形物 11.4%，酸味较浓，品质一般。但该品种在山东于 6 月中旬上市，且树势健壮，早果性强，较丰产，比藤木一号提前成熟

20～30d。

二、萌

又名嘎富，单果均重约200g，果实圆形，果色浓红至红褐，酸味略重，果汁丰沛，口味清爽，成熟较津轻早10～15d，是早熟品种中的后起之秀。

三、藤木一号

果实圆形。果个大，果皮底色黄绿色，着色鲜红。果肉松脆，汁多，风味酸甜，有香味。中部地区采收期在7月上中旬。该品种的突出优点是树势强壮，容易成花，丰产性状好；缺点是果实易发绵。

四、嘎拉

果实中等大，短圆锥形，单果均重150g左右；果面底色金黄，阳面具有浅红晕，有红色断续宽条纹；果形端正，较美观，果顶有五棱，果梗细长；果皮较薄，有光泽；果肉浅黄色，肉质细脆；果汁多，味甜微酸。

五、首红

短枝型品种。9月中旬成熟，果实高桩，五棱突起，果个均匀。果实圆锥形，单果平均重180g。果面底色绿黄，全面色泽浓红鲜艳。果肉乳白，细胞汁多，芳香浓郁。硬度稍大于红星，成熟期较新红星早7～10d。由于色艳、味美、高产及典型的短枝性状，被认为是元帅系中的佼佼者，为元帅系第四代品种。

六、乔纳金

果实较大，扁圆至圆形，单果重250g左右。果面平滑，底色黄绿，着橙红霞或不显著的红条纹，着色良好的果为全面橙红色；果面蜡质多，果点多而小，带绿色晕圈，明显易见。果肉浅黄色，质细松脆，味较甜，稍有酸味，有特殊芳香，品质上等，稍耐贮藏。

七、澳洲青苹

为世界上知名的绿色品种。果实大，扁圆形或近圆形，单果重210g，最大240g。果面光滑，全面为翠绿色，有的果实阳面稍有红褐色晕，果点黄白色。果肉绿白色，肉质细脆，果汁多，风味酸甜，品质中上等，很耐贮藏。

八、富士系品种

1. 富士的来源

富士苹果是日本园艺场东北支场（即现日本果树试验场盛冈支场）培育的优良品种。1939年5月，亲本为国光×元帅，在1958年以"东北7号"发表。1962年，正式命名为"富士"，开始推广，1966年引入我国试栽。现在是日本和我国等国家苹果栽培面积最大的品种。该品种对轮纹病和水心病抗性较差。生产上对富士的着色系通常统称"红富士"。

2. 富士优系

富士优系主要有长富2和2001富士。

（1）长富2。10月下旬至11月上旬成熟。平均单果重250～300g。果实为圆形，底色黄绿，熟后全面鲜红或浓红，时有红条霞；光照不良时，阴面着色欠佳。果肉黄白，致密细脆，汁液丰富，酸甜适口，具有芳香，品质上等，耐贮藏。黄河故道地区易发生轮纹病。

（2）2001富士。是日本最近选出的富士着色系，特点是着色容易，即使树冠下部的果实也能全面着色，可减少摘叶转果用工，有希望在着色不良地区得到发展，1993年引入我国。山东烟台亦选出能全面着色的类似品系烟富1～6等。

3. 富士短枝型变异

富士短枝型变异品种主要有宫崎、福岛、红将军等品种。

富士族苹果以其个大、味美、耐贮得到广泛的赞誉，近几年我国发展规模很大，其栽培面积远远超过其他新品种。但也不应忽视富士苹果具有生长易旺，成花偏晚，果实发育期长，果形易偏斜，着色较难，"抽条"略重，易染轮纹病、水心病等实际问题，对技术和管理要求较高。因此，应因条件制宜，根据本地实际情况发展。

九、华冠

中国农业科学院郑州果树研究所选育，亲本为金冠×富士，1976 年杂交而成，1994 年河南省农作物品种审定委员会审定，1999 年山西省农作物品种审定委员会审定。

华冠果实呈圆锥形，平均果重 170g。果实底色绿黄，果面着有 1/2 ~2/3 鲜红色，带有红色连续条纹，延期采收可为全面红色，果面光洁无锈，果点稀疏、小；果梗长 2 ~3cm，梗洼深、中广、无锈或具有少量放射状果锈；萼洼中深，周围有不明显的五棱突起，萼片宿存，较小，闭合；果皮厚而韧；果肉淡黄色，肉质致密，脆而多汁，风味酸甜适中，有香味。可溶性固形物含量为 14.0% 左右、总糖含量为 11.9%、总酸含量为 0.24%、维生素 C 含量为 3.6mg/100g。品质最上等。

第二节 苹果的生长结果习性

一、苹果的生长习性

苹果是落叶乔木，有较强的极性，通常生长旺盛，树冠高大。一般管理条件下，嫁接在乔化砧上的苹果树株高为 5 ~6m，而嫁接在矮化砧上的只 2 ~3m。苹果树栽后 2 ~3 年开始结果，经济寿命在一般管理条件下为 15 ~50 年，土壤瘠薄、管理粗放的只有 20 ~30 年。由于顶端优势和芽的异质性综合作用的结果，苹果通常具有较强的干性和明显的层性。因品种间的萌芽力和成枝力有差异，其层性的明显程度也不同。

（一）根

苹果根系没有明显的自然休眠期，只要条件适宜，周年均可生长。由于所需温度较低，根系开始生长要早于地上部分。通常一年内可有 2 ~3 个生长高峰，并与地上部的生长高峰交替出现。通常春季根系生长可持续 2 ~3 个月，秋季 1.5 ~2 个月。但由于树龄、长势、结果状况，以及气候、土壤条件的差异，根系在年周期中生长高峰出现的次数和时间往往不同。

影响苹果树根系生长的因素如下。

1. 土层深度

土层越深，根系分布越深。苹果树根系大部分分布为 60cm 左右的土层中，深土层可达 80cm 左右。

2. 土壤松紧度

土壤疏松、孔隙度大，有利于根系向纵深发展；土质坚硬，则不利于根系生长。

3. 土壤肥力

主要指有机质含量的多少，一般要求 2% ~3%。

4. 地下水位

地下水位应保持为 1.5m 以下。

5. 土壤含水量

苹果根系生长最适宜的土壤含水量为田间持水量的 60% ~80%，当土壤含水量低于田间持水量的 40% 时，则引起根系自然衰老、脱落死亡。

6. 土壤酸碱度

苹果树喜欢微酸性到中性的土壤，即 pH 值 5.5~6.7 的微酸性或中性的土壤或沙壤土。pH 值 4 以下生长不良，pH 值 7.8 以上常有黄化失绿现象。

7. 土壤含盐量

总含盐量低于 0.28%。

8. 土壤温度

一般当土壤温度为 5~7℃时，有新根开始生长；7℃以上根系生长逐渐活跃，15~20℃生长最旺盛；当土壤温度大于 25℃时，根系生长明显钝化。

9. 土壤通气状况

土壤通气性好，氧气含量为 10% 以上，根系可正常生长。

10. 树体的有机养分

根系生长、吸收水分和矿物质、合成有机质都依赖于地上部供应的光合产物。当地上部分的光合产物供应充足时，根系生长量和发根数量增加。当结果过多或叶片受到损害时，光合产物向根系的供应量减少，根系生长受到明显的抑制。

11. 栽培管理对根系的影响

栽培管理可以改善土壤的理化性质，提高树体的营养水平，创造有利于根系生长的条件。

（二）芽

苹果的芽按性质分为叶芽、花芽两种（图 5 - 1）。

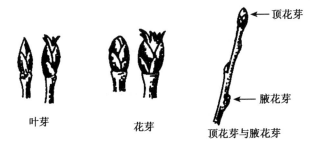

图 5 - 1　苹果的芽

叶芽呈三角形，尖长而弯曲，展叶后长成枝。花芽比较饱满，鳞片较多，而先端比较钝圆。

（三）枝条的分类

1. **按枝条生长状况分**（图 5 - 2）

（1）徒长枝。大多直立生长，粗大，节间长，芽瘦小。

（2）普通枝。节间中长，枝条充实，叶芽饱满，多用于培养结果枝。

（3）纤细枝。枝条细弱，叶芽充实，多着生于树冠下部，其上易形成短果枝。

（4）叶丛枝。是叶芽萌发后生长量较小的短枝。如营养充足，当年秋天就可形成顶花芽，营养条件不良时，可多年不生长。

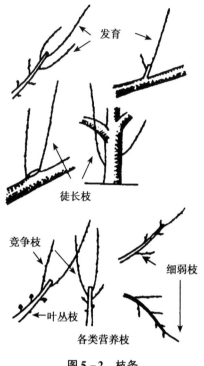

发育

徒长枝

竞争枝

叶丛枝

细弱枝

各类营养枝

图 5 - 2　枝条

2. 按枝条的长度分

长枝 >30cm，中枝 5～30cm，短枝 <5cm。

（四）果枝

1. 分类

苹果的花芽为混合芽，混合芽萌发的结果枝一般分为：短果枝、中果枝、长果枝（图 5 - 3）。

（1）短果枝。长度 5cm 以下，顶芽为花芽。

（2）中果枝。长度为 5～15cm，节间较短，枝条较粗壮，顶芽为花芽。

（3）长果枝。长度为 15cm 以上的果枝，顶芽为花芽。长果枝

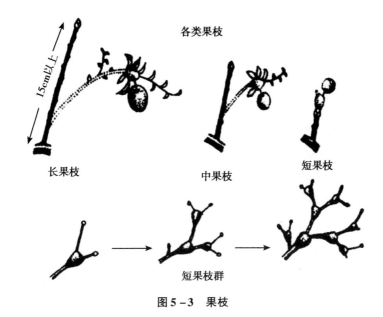

图 5-3 果枝

与发育枝不易区分，可根据顶芽的饱满程度来判断。

2. 特点

各类结果枝的比例因树龄、品种不同而有变化；通常是幼树的长果枝和中果枝较多，随着树龄的增大，短果枝比例迅速上升，及至盛果期，一般可达 70% 以上，衰老期几乎完全是短果枝或短果枝群；从品种上看，金冠等品种的长果枝与中果枝较多，新红星、红富士等品种的短果枝比例大，辽伏等品种容易形成腋花芽。

（五）花芽分化

多数品种都是从 6 月上旬开始至入冬前完成，整个过程分为生理分化、形态分化和性细胞成熟 3 个时期。苹果生理分化的集中期在 6 月上旬至 7 月。花芽为混合花芽，先发叶后开花，并从果台上抽生副梢，即果台副梢，果台副梢抽生得多少、长短随品种和结果母枝的营养条件而异。

二、苹果的结果习性

苹果定植后一般 3 ~ 6 年开始结果，寿命可达 30 ~ 40 年。但因品种、砧木类型、环境条件及栽培管理技术水平而不同。

（一）开花期

图 5 – 4　苹果花

因各地气候不同而有很大差异。一般在 4—5 月，苹果的花芽是混合花芽，萌发后先抽生一段很短的新梢（结果枝），长 1 ~ 3cm，在其顶端着生聚伞花序开花结果。结果后短梢膨大，形成果台。在结果同时，果台的叶腋内当年还能发生 1 ~ 2 个新梢，叫果台副梢。内有 5 ~ 6 朵花（图 5 – 4），中心花先开，坐果率高、品质好。

开花期分为初花期、盛花期、落花期。花期 12d，单花期 5d 左右，开花当天和第二天是授粉的最佳时期。

苹果是异花授粉植物，大部分品种自花不能结实。

（二）落花落果

1. 概念

由于授粉受精不良、树体营养不足和环境条件不好等原因，苹果从花蕾出现到果实采收会出现花果脱落的现象，称落花落果。

2. 落花落果时期及原因

苹果从花蕾出现到果实采收，一般有 4 次落花落果高峰（表 5 – 1）。

表 5 – 1　苹果落花落果时期

次数	名称	时间	现象	原因
第一次	落花	终花期	花梗随着花的凋谢而一起脱落	花芽质量差，发育不良，花器官败育或生命力低，不具备授粉受精条件

（续表）

次数	名称	时间	现象	原因
第二次	第一次落果	落花后1周左右	小果（子房略见增大）脱落，可持续5~20d	授粉受精不充分，子房内激素不足，不能调运足够的营养物质，子房停止生长而脱落
第三次	6月落果	花后4~6周	已达到拇指甲大，果实脱落	主要营养物质不足、分配不均而引起，果实之间、梢果之间争夺养分，胚内生长素（主要是赤霉素）缺乏
第四次	采前落果	果实采收前1个月左右	成熟或接近成熟的果实	品种的遗传性或品种特性，如元帅、红星、津轻等

（三）果实的生长发育

坐果后果实经过果实细胞分裂期、膨大期、成熟期3个生长期。成熟期前是果个增大的时期，为绿色、有绒毛、味酸涩。成熟期果个增大不明显，是色泽、香气、糖分形成的主要时期。

苹果果实在果实发育过程中，种子分泌激素刺激果肉生长。所以，授粉受精良好、种子充实饱满的，果形端正，果肉丰腴；反之，种子发育不良或无种子的一方，果肉凹陷瘦削而成畸形果。因此，一定要配置授粉树或采用人工授粉。红富士以金冠较好，新红星以金矮生、绿光、烟青作授粉树较好。有一些三倍体品种，如乔纳金、北斗、陆奥等，没有花粉，不能作为其他品种的授粉树。

苹果的果实是由子房和花托发育而成的假果，其中子房发育成果心，花托发育成果肉，胚发育成种子。果实的体积膨大，前期靠细胞迅速分裂的细胞数目的增多，后期靠细胞体积的膨大。果实发育期的长短，因品种而异，一般早熟品种为65~87d，中熟品种为90~133d，晚熟品种为137~168d。

三、环境条件

（一）温度

苹果喜冷凉的气候，生长最适宜的温度条件是年平均气温7~

14℃，冬季最冷月（1月）平均气温为 -10 ~ 7℃。整个生长期（4—10月）平均气温为 13 ~ 18℃，夏季（6~8月平均气温）为 18 ~ 24℃。果实成熟期昼夜温差为 10℃以上，果实着色好。根系活动需 3 ~ 4℃，生长适温 7 ~ 12℃；芽萌动 8 ~ 10℃，开花 15 ~ 18℃，果实发育和花芽分化 17 ~ 25℃；需冷量≤7.2℃低温 1 200h。

（二）水分

在较干燥的气候下生产出优质苹果，一般年降水量为 500 ~ 800mm 对苹果生长适宜。若生长期降水量为 500ml 左右，且分布均匀，可基本满足树体对水分的需求。

（三）光照

苹果是喜光树种，生产优质苹果一般要求年日照时数 2 200 ~ 2 800h，特别是 8—9 月不能少于 300h 以上。年日照 <1 500h 或果实生长后期月平均日照时数 <150h 会明显影响果实品质。若光照强度低于自然光 30% 花芽不能形成。

（四）土壤

要求土质肥沃、土层深厚，土层深度为 1m 以上，土壤 pH 值 5.7 ~ 8.2 为宜，富含有机质的沙壤土和壤土最好，有机质含量应为 1% 以上。

（五）风

大风常给苹果的生长发育带来许多不利的影响，如造成树冠偏斜，影响开花、授粉、破坏叶器官及落果等，所以在风大地区建立苹果园，必须营造防护林。

第三节　苹果整形修剪

一、丰产树形

（一）细长纺锤形

细长纺锤形（图 5 - 5）适合每亩栽树 83 ~ 133 株 ［株行距 2m×（3 ~ 4）m］的密植栽培。树高 2 ~ 3m，冠径 1.5 ~ 2.0m，树形特点是在中心干上均匀着生势力相近、水平、细长的 15 ~ 20 个侧生分枝（或称作小主枝），要求侧生分枝不要长得过长且不留侧枝，下部的长 1m，中部的长 70 ~ 80cm，上部的长 50 ~ 60cm 为宜。主干延长枝和侧生枝自然延伸，一般可不加短截。全树细长，树冠下大上小，呈细长纺锤形。

细长纺锤形整形时一般采用高定干、低刻芽的方式。

1. 苗木栽植后

在距地面 70 ~ 90cm 处定干，并于 50cm 以上的整形带部位，选 3 ~ 4 个不同方向芽子，在其上方 0.5cm 左右处刻芽，促发分枝。当年 9—10 月将所发分枝拉平。

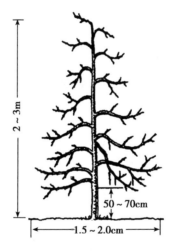

图 5 - 5　细长纺锤形

2. 第一年冬剪时

对于成枝力强的品种，延长枝一般可不短截。

3. 第二年

中心干上抽生的分枝。第一芽枝继续延伸，其余侧生枝一律拉平，长放不剪，一般同侧主枝相距 40 ~ 50cm。另外，对主枝的背上枝可采用夏季扭梢和摘心的方法控制，使其转化成结果枝。

4. 第三年冬剪时

中心干延长枝可长放不截，依据树势可以转头。对直立枝可部分疏除、部分拉平缓放。

5. 4～5年生

要尽量利用夏剪方法对拉平的主枝促其结果。对各级延长枝仍可不截，长放延伸，这样基本可以成形。

6. 6～7年生

对水平状态侧生分枝优先促其结果，对于结过果的下边大龄主枝视其强弱给以回缩，过密者应疏除。使整个树冠成为上、下两头细，中间粗的纺锤形树冠。

（二）小冠疏层形

适用于株行距3.5m×4.0m的山地乔化砧普通型和3m×（3.0～5.0）m的平地及缓坡地乔化砧短枝型品种。系由疏散分层形树形改进演化而来（图5-6）。

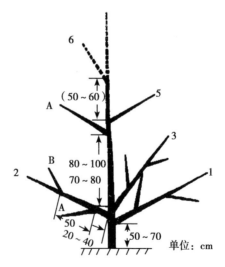

图5-6 小冠纺锤形

树体结构：初期树高3.0～3.2m，中期落头后2.5m左右，干高 50~60cm。前期按疏散分层延迟开心形整形和培养骨干枝。前期全树主枝 7 个，第一层 3 个、第二层 2 个、第三层 2 个，各层主枝错落着生，不可重叠。从中期起，为了降低树高，改善光照，锯除上层，只留一、二层主枝。层间距第一层至第二层 100~120cm，第二层至第三层 80~90cm。第一层每主枝配侧枝 2 个，第二、第三层不配侧枝，只配枝组。中心干上不配辅养枝，只配枝组。

其整形过程与疏散分层相同，但为了促其提早结果和丰产，要冬剪和夏剪结合，适时做好春刻芽、夏扭梢、秋拉枝和冬修剪。

（三）自由纺锤形

自由纺锤形（图 5-7）是目前广泛采用的丰产树形。自由纺锤形适合矮砧普通型品种或生长势强的短枝型品种。此种树形适于株行距（2~3）m×4m 的栽植密度。干高 60~70cm，树高 3m左右，全树留 10~15 个小主枝，向四周伸展，不分层，主枝间距15~20cm。主枝角度 70°~90°，下层主枝长 1~2m，在小主枝上配置中小枝组。主枝上不留侧枝，树形下大上小的纺锤形。

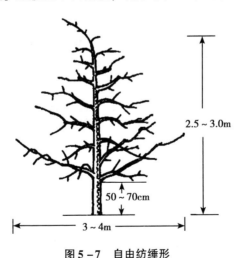

图 5-7　自由纺锤形

整形方法：一年生苗定植后，于 60~70cm 处定干。在 9—10月整形带的长梢中，选位置好的作中心干，其余 3~4 个枝拉向四方，呈 80°～90°。对于竞争枝在 6—7 月，新梢半木质化时扭梢，以便转化成结果枝。冬剪时对中央领导枝头和拉开的主枝头短截，以便促进分枝，扩大树冠。以后从中心干上每年选 2～4 个小主枝，上、下层间小主枝保持 50～60cm，以便避免重叠。上层小主枝冬剪时可以依据生长势强弱决定中截或长放不截，并注意拉平主枝角度，对于拉平的主枝背上生长的强枝梢宜采用转枝、扭梢方法控制，尽量避免冬剪时疏除，这样就缩短了成形时间，树体紧凑，树冠开张，树势缓和，适宜密植。

另外，在生产实践中还有主干疏层形、圆柱形、扇形、"珠帘式"整形，各地可根据实际情况适当采用。

二、生长季修剪技术要点

随着苹果密植栽培的迅猛发展，为了实现红富士等良种苹果的早果、丰产、优质。除了加强对土肥水等综合管理措施外，在整形修剪上必须实行冬夏结合，四季修剪。

（一）春季修剪

1. 时期

从春季树液流动后、萌芽前开始至盛花期末结束。即 3 月上旬至 4 月下旬，最迟不得超过 5 月上旬，40～50d。

2. 春剪原则

幼树及初结果树以促树速长、发枝扩冠为核心，以此达到整形结果两不误，大树以因树定产，以花定果为重心，避免大小年，防止树体早衰为原则。

3. 春季修剪基本方法及作用

（1）拉枝开角（图 5-8）。从春季树液流动至萌芽前，采用撑、拉、别、垂、缚引等办法。将主枝角度（特别是基角）开张到 60°～70°，辅养枝开张到 80°～90°，甚或下垂。从方位角上，要将三主枝调整到互为 120°左右，让其各占一方。并对辅养枝一律拉到主枝之间的空隙处。总之，要为主枝生长打开光照和空间。

（2）刻芽增枝（图 5-9）。在发芽前，应对计划培养的主枝或侧枝的芽，以及在需要发枝的光腿部位进行芽上刻伤（即在希

图 5-8　拉枝开角

望发出芽的上方 2mm 处、用刀横刻月牙状伤口，深达木质部）。另外，对中干上甩放的 1 年生长放辅养枝，要在拉枝的基础上，从基部 5～10cm 开始，在其两侧每隔 15～20cm，依次各刻伤一芽，每枝刻 4～6 个芽。

图 5-9　刻芽增枝

（3）花期环剥。于 4 月下旬，在盛花期对红富士苹果进行主干环剥，剥口宽度 3～4mm；新红星（包括元帅系）苹果实行主干环割一道，均可显著提高花朵坐果率。

（4）花前复剪。在花序伸长期的前后（即 3 月下旬至 4 月上旬）进行。一般对花量多的大年树。中长果枝的顶花芽应全部破除，以花换花，使来年结果。弱枝、弱花芽要全部破除，以花换花，使来年结果。弱枝、弱花芽要全部疏除，并保留健壮的短果枝或部分中果枝上的顶花芽进行结果。另外，对利用腋花芽结果的枝条（或串花枝），一律留 3～4 个花芽缩剪。

（5）疏花疏蕾。首先，要根据树体长势用干周法确定出单株留果量（即因树定产）；其次，按照间距 20～25cm 留 1 朵中心花，进行疏花疏蕾、以花定果。方法：从花序分离期（4 月上旬）开始，先疏花序，以疏去梢端花序和叶片少的弱花序为主，若 1 个枝条花序过多，可隔一疏一或隔二疏一，然后进行疏蕾（或花朵）。

由于花期物候紧迫。可选具有 4~6 片大叶及发育好的花序先疏。每花序留 1 朵中心花。注意北斗苹果为防花腐病，可疏去中心花、留边花。红富士（主要指长富 2 号）苹果为防果肩偏斜，最好选留侧枝上的花及萼端（即果顶）朝下的花朵。

（6）抹芽除萌。要及时抹去冬剪伤口处及主干下部的萌蘖；尤其是抹掉中心干、主侧枝延长头剪口下的竞争芽或背上芽。

（7）破顶。在 4 月下旬至 5 月上旬。对无花的上年中枝进行破顶。长枝戴帽剪截（旺戴活帽弱戴死），这样就可以于当年大量萌生形成中短枝。即中枝换回中枝花，下年结果有依赖。

（8）春季复剪。在 4 月下旬至 5 月上旬。当外围新梢或剪口芽已经萌发长到 3~5cm 时，对冬剪时已短截的旺枝再短截 5~10cm，若未冬剪，这时即按照冬剪要求进行春季复剪。此种方法只限于对生长过旺、不能适龄结果的幼旺树的修剪，且不能连年晚剪。

（二）夏季修剪

1. 时期

从苹果盛花期末一直到夏梢缓慢生长期。即 5 月上旬至 8 月上旬，约 90d。

2. 基本方法及作用

（1）环剥（图 5-10）。在果树生长期内将枝干的韧皮部剥去一圈，叫环剥。5 月下旬开始对旺树和辅养枝进行基部环剥（割）。控制旺长促成花芽。要严格掌握环剥宽度和深度，要求割断皮层而不伤木质部，刀口要齐，切口要光，不留皮层。

（2）扭梢（图 5-11）。扭梢是在新梢旺长期，当新梢达 30cm 左右且基部半木质化时，将直立旺梢、竞争梢在基部 5cm 处扭转 90°~180°，使其受伤，并平伸或下垂于母枝旁。操作时，应先将被扭处沿枝条轴向水平扭动，使枝条不改变方向而受到损伤，再接着扭向两侧呈水平、斜下或下垂方向。

（3）拿枝（图 5-12）。也叫捋枝，是在 7—8 月新梢木质化时，将其从基部拿弯成水平或下垂状态。操作时，先在距枝条基部 7~10cm 处，用手向下弯折枝条，以听到折裂声而枝梢不折为度。然后，向上退 7~10cm 处再拿一次。直到枝条改变方向为止。

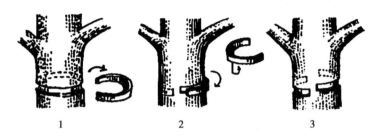

1　　　　　　　　2　　　　　　　　3

图 5 – 10　环剥

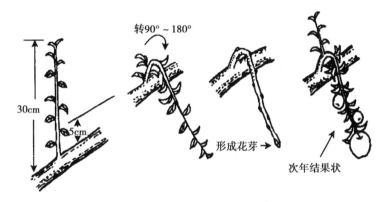

转90° ~ 180°

30cm

5cm

形成花芽 →

次年结果状

图 5 – 11　扭梢

图 5 – 12　拿枝（捋枝）

（4）摘心。5 月中旬大枝上萌生的背上旺长新梢长至 20cm 左右时，从基部留 5 ~ 7cm 摘心，促发 2 次枝。

摘心后 2 次枝又旺长的可再次摘心，可连续摘心 2 ~ 3 次，把直立枝改造成结果枝组。

（三）秋季修剪

1. 秋季修剪的时期

苹果树秋季修剪，即8—11月进行的修剪。

2. 秋季修剪的作用

（1）幼旺树秋剪，可使秋梢及时停长，促使枝条充实，从而提高幼树的抗寒越冬能力。

（2）对枝叶密集树秋剪，可改善光照，枝条营养积累增多，有效减缓旺树长势，增加优质短枝，复壮内膛枝组，为早果丰产创造良好的条件。

3. 秋季修剪的方法

（1）疏枝。9—10月对背上过旺过密的枝条及基部和枝先端剪口附近的萌条进行疏除。疏后不易冒条，部分伤口当年可以愈合。疏减外围徒长枝、旺长枝、过密枝，防止多头并进。果树外围枝萌条太多影响后部芽萌发生长，尤其枝先端的直立旺枝严重影响延长头生长发育。对外围过密的徒长枝采取疏大留小，疏直留平的原则。对中心干、主枝延长头具有3~4个旺条的，先疏去1个，冬季再疏去1个，重截1个。这样利用秋冬结合修剪对延长头的生长发育影响较小。并可解决光照，复壮内膛，提高树体贮藏营养水平。

（2）拉枝。拉枝，即对角度不合适的枝拉到所需的角度。尤其是幼树整形期间，拉枝是一项关键的技术措施。

①拉枝时间。秋季拉枝时间一般在9月进行。此时拉枝开角，枝条上所有芽发育均衡，分布合理。

②拉枝角度。主枝80°左右，辅养枝90°左右。一般掌握立地条件好、树势旺的角度要大一些，而立地条件差、树势弱的角度要小一些。纺锤树形比小冠疏层形的角度可适当大一些。

③拉枝方法。对一年生枝可先在基部捋拿软化，然后用绳拉到所需角度固定。对多年生不易拉的枝，可先在枝基部背下拉3锯，深达木质部1/3处，再拉到所需角度，然后用绳固定于地上即可。

（3）摘心和轻截。轻截，即对秋梢幼嫩部分20cm左右处摘心，或于盲节处短截当年新梢。8—9 月进行摘心或轻截，可减少养分消耗，有利养分积累，促花效果显著。

4. 秋季修剪注意的几个问题

（1）秋剪要因树而异、主要对旺树适当进行修剪，以免削弱树势。

（2）秋剪时间不宜太早和太晚，并配合早施基肥。

（3）秋季雨水多，疏大枝的要涂伤口保护剂，以防感病。

三、结果枝组的培养与修剪

（一）结果枝组的类型

结果枝组是苹果树体中的基本结果单位，它生长在各级骨干枝和辅养枝上，由 2 个以上的结果枝和营养枝组成。常分为大型枝组、中型枝组、小型枝组 3 种类型。

1. 大型结果枝组

有 12 个以上的分枝，枝轴长度 50cm 左右。分枝数量多，有填补大空间和连续结果的优点，但其上枝条稀疏，有效结果数量少，产量比较低。

2. 中型结果枝组

具有 8 个左右的分枝，枝轴长度约 30cm。分枝较多，有效结果枝数量也多，生长健壮，结果多，连续结果能力强。

3. 小型结果枝组

具有 2~4 个分枝，枝轴长度 15cm 左右；数量多，占据空间小，能够起到填补树冠内小空间和保持通风透光的作用，但由于其有效结果枝少，有间歇结果和不易更新等特点。

（二）结果枝组的培养

1. 小型结果枝组的培养

小型结果枝组的培养主要有 4 种方法。

（1）结果后的短果枝，经连续分生果台枝形成。

（2）中、长果枝结果后，对其后部分生枝条，回缩至小分枝上形成。

（3）生长比较弱的营养枝，经过缓放分生出小枝，形成花芽后缩剪而成。

（4）由部分生长衰弱，比较密挤的中型结果枝组，经缩剪改造而成。

2. 中型结果枝组的培养

中型结果枝组的培养有几种方法。

（1）对空间较大的小型结果枝组，短截其上的分枝，经连续培养而成。

（2）对生长衰弱的大型结果枝组，经缩剪改造而成。

（3）由侧生中庸枝培养而成，这是培养中型结果枝组的主要途径。采用这种途径又分"先放后缩"和"先截后放"两种方法。

①先放后缩。就是选择中庸斜生的营养枝，先轻剪缓放，待前部形成花芽结果后，再逐步缩剪、促生分枝，培养中型结果枝组。

②先截后放。就是对一些斜生中庸枝条，先进行短截，促生分枝，然后对这些分枝去强留弱，去直留斜，促使形成花芽结果，培养为中型结果枝组。

3. 大型结果枝组的培养

大型结果枝组的培养有 2 种方法。

（1）对生长密挤、分枝稀疏，或空间小的辅养枝、竞争枝等进行缩剪改造而成。

（2）对生长旺盛的中型结果枝组，先短截枝组的带头枝，促使枝轴延伸生长，增加分枝数量，逐步发展、培养成大型结果枝组。

（三）结果枝组的配置

枝组配置的原则：枝组要均匀分布，做到枝枝见光，主次分明。在主轴上分布的各类枝要从方向、大小、间距、高低等方面考虑，做到枝势相当，间距合理，高低错开。枝组的分布位置：主枝上配置的结果枝组，要有立体感，以两侧长放、变向、下垂枝组为主，背上和背下枝组为辅，不利用背上直立枝组。对于背上直立枝组，在背上枝缺少的情况下，可采用拉枝、扭梢、揉枝等方法使其呈下垂状，但不能影响两侧枝组。一个主枝上分布的枝组要外小、中大、内小。在实践中一般大型结果枝组间距为 1m 以上，中型结果枝组间距一般为 60cm，小型结果枝组间距一般为 10cm。

（四）结果枝组的修剪

1. 枝组的调整

枝组的调整主要是在不同年龄段调整枝组的方向、类型、位置和密度等。对树冠内那些轮生、并生、重叠、交叉、细弱、冗长的枝组，要分年、分批清理，以便打开光路，集中营养，复壮枝组。对于留下的较理想的枝组，要保护、利用、培养和适时更新。

2. 枝组的更新

要掌握"去弱留强，去下留上，去密留稀，去老留新，去大留小"的原则。枝组的维持和复壮如下。

（1）在结果枝组形成阶段。要留中庸偏弱的带头枝，使枝轴纵向延伸，稳定枝组上的分枝，促使成花结果。

（2）在结果枝组维持阶段。当枝组后部枝条略显衰弱时，除应严格选留带头枝外，还要注意轻短截枝组后部的分枝，适当剪除过多的花芽，增加枝组中营养枝的比例，维持枝组的生长结果能力。

（3）在结果枝组复壮阶段。要根据枝组后部枝条的衰弱情况，采取程度不同的枝轴缩剪，选用壮枝做带头枝，复壮枝组的生长结果能力。

第四节　苹果优质高效栽培技术

一、苹果果实品质的含义

苹果果实品质包括外观品质、内在品质、贮藏品质和加工品质等诸方面。

1. 果实的外观品质

（1）果个适中。果个的大小是人们感觉器官首先形成的印象之一，也是果实的主要商品性质。

（2）果形周正。果形指数是指果实纵径（L）与横径（D）的比值。它是苹果外观质量的主要指标。通常果形指数是 0.8～0.9 为圆形或近圆形，0.6～0.8 为扁圆形，0.9～1.0 为椭圆形或圆锥形，1.0 以上为长圆形。品种特性和环境条件都影响其果形指数。国际市场上，对元帅系苹果果形指数要求在 0.9 以上，对富士系苹果要求为 0.85 以上。

（3）色泽艳丽。果皮的颜色由底色和表色组成，表色主要有三大类：绿、黄、红。色泽艳丽则果实商品性高。

（4）果面光泽度高。果面细嫩、洁净、有光泽的果实受欢迎，果面发生龟裂、果锈等会严重影响果实的外观品质。

2. 果实的内在品质

（1）果实营养成分的含量。果实的营养成分包括糖、维生素、氨基酸、蛋白质、脂肪、矿质营养元素等。这些营养种类的多少和含量标志着营养价值的高低。

（2）果实的风味。果实的风味主要有甜、酸和香构成，要求含糖量高、含酸量和糖酸比适当，香味浓，硬度适中。

（3）果实的肉质与汁液。果实的肉质有生硬、脆硬、松脆、松绵、沙绵等类型。汁液有多、中、少 3 种情况。优质高档果的性状是肉质脆硬或松脆，汁液丰富。

（4）农药残留量。农药的残留量是影响果实品质的一个重要因素，越来越受到人们的关心。

3. 贮藏品质

果实的耐贮藏性与果实的硬度、有无病菌侵染和害虫为害有关。

早熟品种表现为不耐贮藏，一般采后立即销售或者在低温下只进行短期贮藏。中熟品种如元帅系、金冠、乔纳金、嘎拉、葵花等是栽培比较多的品种，其中，许多品种的商品性状可谓上乘，贮藏性优于早熟品种，在常温下可存放 2 周左右，在冷藏条件下可贮藏 2 个月，气调贮藏期更长一些。但不宜长期贮藏，故中熟品种采后也以鲜销为主，有少量的进行短期或中期贮藏。晚熟品种（10 月以后成熟）一般具有风味好、肉质脆硬而且耐贮藏的特点。如红富士、新红星、王林等目前在生产中栽培较多，其中红富士以其品质好、耐贮藏而成为我国苹果产区栽培和贮藏的当家品种。

用于长期贮藏的苹果品种不仅要耐贮藏，而且必须具有良好的商品性状，以求获得更高的经济效益。

二、苹果园土肥水的优质高效管理

（一）果园土壤管理制度

土壤管理制度是指对果树株间和行间的地表管理方式。合理的土壤管理制度应该达到的目的是，维持良好的土壤养分和水分供给状态，促进土壤结构的团粒化和有机质含量的提高，防止水土和养分的流失，以及保持合适的土壤温度。

1. 清耕法

又称清耕休闲法，即在果园内除果树外不种植其他作物，利用人工除草的方法清除地表面的杂草，保持土地表面的疏松和裸露状态的一种果园土壤管理制度。清耕法一般在秋季深耕，春季多次中耕，并对果园土壤进行精耕细作。

（1）清耕法的优点。可以改善土壤的通气性和透水性，促进土壤有机物的分解，增加土壤速效养分的含量。而且，经常切断土壤表面的毛细管可以防止土壤水分蒸发，去除杂草可以减少其与果树对养分和水分的竞争。

（2）清耕法的缺点。长期采用清耕法会破坏土壤结构，使有机质迅速分解从而降低土壤有机质含量，导致土壤理化性状迅速恶化，地表温度变化剧烈，加重水土和养分的流失。

2. 生草法

生草法（图 5-13）是在果园内除树盘外，在行间种植禾本科、豆科等草种的土壤管理方法。它可分为永久生草和短期生草两类：永久性生草是指在果园苗木定植的同时，在行间播种多年生牧草，定期刈割，不加翻耕；短期生草一般选择一、二年生的豆科和禾本科的草类，逐年或越年播于行间，待果树花前或秋后刈割。

（1）生草法的优点。生草法可保持和改良土壤理化性状，增

图 5 - 13　果园生草

加土壤有机质和有效养分的含量；防止水土和养分流失；促进果实成熟和枝条充实；改善果园地表小气候，减少冬夏地表温度变化幅度；还会降低生产成本，有利于果园机械化作业。因此，生草法是欧洲、美国、日本等发达国家广泛使用的果园土壤管理方法。我国北方果园通常间作一、二年生绿肥作物，自 20 世纪 70 年代后开始推广永久性生草法。

（2）生草法的缺点。生草栽培法尽管有很多优点，但造成了间作植物和多年生草类与果园在养分和水分上产生竞争。在水分竞争方面，以持续高温干旱时表现最为明显，果树根系分布层（10 ~ 40cm）的水分丧失严重；在养分竞争方面，对于果树来说，以氮素营养竞争最为明显，表现为果树与禾科植物的竞争激烈，但与豆科植物的竞争不明显。此外，随着果树树龄的增大，与生草植物间的营养竞争减少。

3. 覆盖法

是利用各种覆盖材料，如作物秸秆（图 5 - 14）、杂草、薄膜（图 5 - 15）、沙砾和淤泥等对树盘、株间、行间进行覆盖的方法。

图 5 - 14　秸秆覆盖

图 5 - 15　地膜覆盖

4. 清耕覆盖法

为克服清耕休闲法与生草法的缺点，在果树最需要肥水的前期保持清耕，而在雨水多的季节间作或生草以覆盖地面，以吸收过剩的水分和养分，防止水土流失，并在梅雨期过后、旱季到来之前刈割覆盖，或沤制肥料。这一土壤管理制度称为清耕覆盖法。它综合了清耕、生草、覆盖三者的优点，在一定程度上弥补了三者各自的缺陷。

5. 果园间作（图 5 - 16）

在幼树期果园和覆盖率低的成年果园，可在果树行间种植作物，以充分利用土地空间和光能，并对土壤起到覆盖作用。在山地可保持水土，在沙地可防风固沙。此外，还可减少草害，提高土壤有机质含量和土壤肥力。

优良间作物应具备生长期短，前期吸收水分和养分较少，大量需水、需肥时期与果树错开；植株矮小，不影响果树光照

图 5 - 16　果园间作

条件；能改良土壤结构，提高土壤肥力；与果树没有共同的病虫害，不是病虫的中间寄主；秸秆易腐烂，肥力高，可充当有机肥料。

北方地区常见的间作物有豆类、薯类、麦类、草莓等。土壤瘠薄的山地果园，可间作谷子、绿肥等耐旱、耐瘠薄的作物；丘陵果园，可间作麦类、豆类、谷子、绿肥等作物；沙地果园，可间作花生、薯类等；城市郊区平地果园，土层厚，土质肥沃，肥水条件好，除间作粮油作物外，还可适当间作蔬菜和药用植物。间作物不宜选择高秆作物，切忌间作秋菜类作物，如白菜、萝卜等，这些作物，秋季需肥水多，果树不能及时停长，降低了果树的越冬性，且容易抽条。

种植间作物时应与果树有一定距离，通常以树冠外围为限，树冠下不种间作物，以减少和果树争夺养分和水分的矛盾。

（二）苹果园施肥

苹果园施肥技术，以果园生草为前提条件，即幼年果树行间种植产草量很高的绿肥作物或生草，在果树幼年期土壤有机质含

量较高的基础上，果树进入盛果期时土壤有机质含量达1.5%~2.0%。

1. 施肥时期

（1）基肥。是基本肥料或基础肥料，主要指有机肥，包括土杂肥（堆肥）、厩肥、饼肥、绿肥、秸秆、杂草等，其共同特点是有机质丰富、肥效慢，但有效期长，养分种类齐全，能在土壤微生物的作用下，不断地发挥肥效，也能改善土壤肥力水平。

秋季是最佳施用期，且宜早不宜迟。

（2）追肥。是补充性施肥，以化肥为主。追肥的施入时期根据苹果树树龄及其物候期的需肥特点分几次施入：初果期于花前、花芽分化前施入；盛果期因结果状况追肥；大年树在坐果后和果实膨大期施入；小年树则注重在花前花后、花芽分化前施入；全年追肥集中于2~3次施入。

2. 施肥种类和数量

施肥量因果树的树龄、树势、负载量及土壤条件而不同。基肥量的确定：一般情况下，幼树每亩施2~3t腐熟有机肥，结果期逐步增加，盛果期达到斤（1斤=0.5kg，全书同）果斤肥或斤果斤半肥为佳。追肥注重氮、磷、钾的配比关系。

幼树以氮肥为主，适量施入磷、钾肥，结果期增加磷、钾肥。幼树株施追肥600~1 000g，结果期每生产100kg果实需纯氮350~550g，氮、磷、钾比例为2:1:2。

如盐碱地果园，土壤缺铁，应从改土上解决，光靠施肥是解决不了根本问题的。一些苹果园缺硼、铁、锌，一般由叶面喷肥进行缓解。

3. 土壤施肥方法

一般幼树的根系分布范围小，施肥可施在树干周边；成年树的根系是从树干周边扩展到树冠外，成同心圆状。因此，施肥部位应在树冠投影沿线或树冠下骨干根之间。基肥宜深施，追肥宜浅施。

常见的施肥方法有环状施肥（图5-17）、放射状沟施、条沟施肥、全园施肥、液态施肥、穴贮肥水（图5-18）。

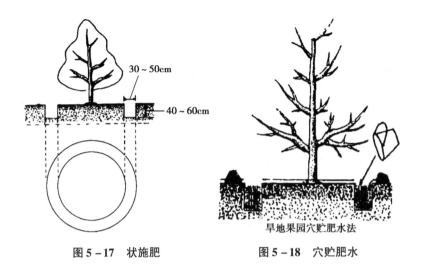

图 5 - 17 状施肥

旱地果园穴贮肥水法

图 5 - 18 穴贮肥水

（1）环状施肥。即沿树冠外围挖一环状沟进行施肥，一般多用于幼树。

（2）放射状沟施。即沿树干向外，隔开骨干根并挖数条放射状沟进行施肥，多用于成年大树和庭院果树。

（3）条沟施肥。即对成行树和矮密果园，沿行间的树冠外围挖沟施肥。此法具有整体性，且适于机械操作。

（4）液态施肥。又称灌溉式施肥，是指在灌溉水中加入合适浓度的肥料一起注入土壤。此法适合在具有喷滴设施的果园采用，灌溉施肥具有肥料利用率高、肥效快、分布均匀、不伤根、节省劳力等优点，尤其对于追肥来说，灌溉施肥代表了果树施肥的发展方向。

（5）穴贮肥水。于果树冠下挖 4～8 个穴，穴内竖埋草把，在草把周围填入有机、无机生物肥与少许表土，浇水，上覆小块地膜，保持地膜中心稍凹陷，打一孔眼用瓦片压盖，以利收集雨水和浇水。其后可施入少量化肥，浇水冲化后顺孔眼流入穴内，供果树根系吸收。

4. 叶面喷肥

叶面喷肥在解决急需养分需求的方面最为有效。如在花期和幼果期喷施氮可提高其坐果率；在果实着色期喷施过磷酸钙可促进着色；在成花期喷施磷酸钾可促进花芽分化等。叶面喷肥在防治缺素症方面也具有独特的效果，特别是硼、镁、锌、铜、锰等元素的叶面喷肥的效果最明显。但叶面喷肥不能代替土壤施肥，只能作为土壤施肥的补充。

为提高叶面喷肥的效果，选择合适的喷施时间和部位非常重要。此外，应避免阴雨、低温或高温暴晒。一般选择在 9 ~ 11 时和 15 ~ 17 时喷施。喷施部位应选择幼嫩叶片和叶片背面，可以增进叶片对养分的吸收。

（三）苹果园水分管理

1. 苹果园灌溉的最佳时期

我国苹果主要产区在北方半干旱地区。如果 1 年 2 次，应当在谢花后坐果期 1 次、秋末冬初 1 次（封冻水）；如果 1 年灌溉 3 次，可在第 1 次灌溉后 4 ~ 6 周时加 1 次。

2. 苹果园灌溉的最低量

最低灌溉量，应使 50 ~ 80cm 厚的土壤湿度达到最大田间持水量的 60% 以上，并保持一定时间。

三、苹果花果的优质高效管理

要得到优质果，提高优果率，花果管理的各项措施缺一不可，应该说起着关键性的作用。

（一）提高坐果率措施

1. 合理配置授粉树

合理配置授粉树，是提高苹果质量、产量的关键技术措施之一。配置相适宜和适量的授粉树，使授粉树占果园总株数的 20% 左右，是优质高产苹果应具备的基本条件。

2. 采用高接授粉品种

在无授粉树和授粉树不足的苹果园，可采用高接授粉品种的方法解决。对 1 ~ 3 生果园，按隔行（或隔双行）、隔双株，进行整株改接授粉品种。而对 4 年生以上的果园，可采用每株或隔株，只在树冠顶部改接 2 ~ 3 个主枝（或大辅养枝）为授粉品种。保证全园的授粉树或授粉品种的大枝占全园树或大枝的 15% ~20% 为准。

3. 人工授粉

结合疏蕾收集品种花朵剥取花粉，干燥后在盛花期（以花朵开放的当天 8 ~ 10 时）人工点授中心花朵或进行液体喷粉（水 10kg + 花粉 10 ~ 20g 喷布花朵），可有效提高坐果率，防止偏斜果率。

4. 花期放蜂

蜜蜂每公顷放 1.5 箱（每 10 亩放 1 箱），壁蜂每公顷约放 3 000 头（每亩放 200 头左右）。壁蜂活动能力强，是蜜蜂的 80 倍左右。

5. 花期喷肥

苹果盛花期喷布 0.3% ~0.5% 尿素加 0.4% ~0.5% 硼砂可促进花粉管的萌发，提高坐果率。

6. 花期和幼果期防冻

树干涂白，花期遇到低温时，有浇灌条件的可树盘浇水，其他果园尤其是低洼果园在下半夜进行熏烟防冻。

7. 花前复剪

节约树体的养分和水分，并有利于集中供应，因而能保证正常的花果发育，提高坐果率。

（二）疏花疏果

优质果品要求果形正、个大整齐度高、果面光洁色艳、果肉质脆、汁液多、味甜、耐藏且安全洁净。为此在良好的土肥水管理基础上，首先要做好疏花疏果限产增优工作。

在气候条件比较稳定，花期不易出现霜冻的苹果产区，推广"以花定果"技术。

在花期气候条件不稳定的情况下，从安全、稳妥方面考虑，可采取疏蕾、疏花、定果 3 个步骤。

留果量的确定：确定留果量的依据，即品种、树龄、树势、自然条件和栽培水平。

1. **叶果比法**

中型果品种的叶果比为（30∶1） ~ （50∶1）；大型果品种为（50∶1） ~ （60∶1）；小型果品种为（30∶1） ~ （40∶1）。

2. **按距离留果的具体做法**

红富士壮树壮枝果间距一般为20cm左右，弱树弱枝果间距为25cm左右。应疏除小果、畸形果、表面粗糙的幼果，以及双果中多数边果及直立枝和果台下少于6片叶短果枝上的果及腋花芽果。选留果形正，果柄粗，果肩平，萼洼向下的幼果。多在下垂、斜生及粗壮的枝上留果。要求留中心果、单果为主。一般细弱枝上多不留果。

3. **以花定果的做法**

只留2个边花，把其余花朵去掉，这样留下来的花朵坐果率一般可达90%以上。

（1）以花定果的前提条件。要有健壮的树势和饱满的花芽；园内授粉树数量充足，配置合理，同时，必须全面进行人工授粉。

（2）以花定果的方法。根据品种特性、树势强弱确定留果数量，再加20%的保险系数，然后按20 ~ 25cm的间距选留1个花序。对于保留下来的花序，大型果品种只留中心花，把边花全部疏掉。

（三）果实套袋

果实套袋是目前生产无公害果品的有效方法之一。套袋可极大提高果实的着色度，使果面光洁、外观品质得到改善，商品率明显提高，并能降低农药的残留量。但套袋果因光照、温、湿度等因素发生剧变，使果实的内含物积累有所减少，含糖量及风味有所降低。

1. **套袋的时期**

早熟品种及为了提高果实的含糖量和不易发生果锈的红色品种均适于晚套袋。易发生果锈的黄色品种和为提高果实的外观品质及套袋效果，应相对早套袋。

另外，为了预防果锈，应避开在果锈易发生的幼果茸毛脱落期套袋。故黄色品种应在谢花后10 ~ 40d内先套小纸袋，以防发生果锈，到花后40d再换套标准果袋。

一般应在幼果已通过对环境敏感的茸毛脱落期或到生理落果以后套袋，以防降低果实的抗性。以防过干旱易发日灼，而影响果实外观。生产上多在花后40~50d，避开高温时候和下雨天及有露水时套袋。

2. 套袋前的准备

（1）果袋的选择。果袋的质量直接影响套袋的效果。目前提倡在郁闭的果园和树冠内膛及下部用膜袋。

一般要求是经过理化处理而成的透光、透气性能好，能防病虫、防果锈、防尘防污染的果袋。并要耐拉、耐雨淋，蜡纸层涂蜡均匀而又薄，具抗老化、不掉色的特点，且黏合要牢固。如日本的小林袋、台湾的佳田袋等，应选用品牌产品及正规生产厂家的安全果袋。膜袋应具有通气、抗老化的特性。对一些红色品种，多选用外层表面为灰色或浅褐色，里表为黑色，内层为蜡质红色的双层三色袋为好。

（2）补钙喷杀虫杀菌剂。套袋果易发生缺钙生理病，所以套袋前结合喷药，喷2~3次贝尔钙或800倍液的钙宝，还可喷果蔬钙、果丰灵，都具有双渠道补钙的作用。

套袋前的1~2d，最多不要超过3d，喷80%大生M-45 800倍液或多抗霉素1 000倍液，喷50%扑海因1 500倍液，10%吡虫啉可湿性粉剂300倍液等杀虫杀菌剂。防止喷施对果皮有刺激或有污染的乳油制剂、铜制剂、磷制剂、渗透剂、增效剂，保证果面光洁。

（3）肥水管理。有条件的地方，在套袋前结合施磷、钾肥及氨基酸复合微肥，灌水1次。严控氮肥、间种绿肥、树盘覆草。无灌溉条件的园地，必须做好保水措施，预防因缺水引起果面日灼。

3. 套袋方法

套袋前将整捆纸袋放于潮湿处，使之返潮、柔韧，这样便于操作。

捆扎位置应在袋口上沿下面1.5~2.5cm处使果实在袋内悬空，套袋方法是将袋体撑开，将果实置于袋中，使果柄从袋口剪缝中穿过，折叠袋口，将捆扎丝反转90°扎紧。全株树的套袋作业应先树冠上、内，再树冠下和外围（图 5 - 19）。

图 5 - 19　套袋方法

4. 摘袋的时期和方法

（1）时期。一般对黄绿色品种，可以不除袋或在采收前 5 ~ 7d 除袋为宜。较难着色的红色品种，如富士，应在采前 20 ~ 30d 除袋。一般易着色的品种多在采前 10 ~ 20d 除袋。另外，在昼夜温差大、光照又强、易着色的地区，可适当晚除袋；而在昼夜温差小、阴雨多、不易着色的区域，要相对提早除袋，保证着色。除袋一般选晴天 8 ~ 11 时至 16 ~ 17 时避开中午的高温期进行，有露水的清晨和下雨天不除袋。以利用阴天集中除袋为最好。

（2）方法。除袋遇干旱天气时，先适量灌水 1 次，再除袋，以防日灼。

①红色品种用单层袋。采收前 25 ~ 30d 将袋撕开呈一伞状，罩于果上防止日光直射，5 ~ 7d 后将全袋摘除。

②红色品种用双层袋。采收前 25 ~ 30d 将外袋撕下，内袋在树

上保留 7～10d 再撕下。

（四）摘叶、转果

摘袋的同时或随后，应摘除果实正上方遮光的 1～3 个叶片，促使果面着色好。

红乔纳金及元帅等易着色的中晚熟品种，多在采前 18～25d 摘叶，可完全消除果面上的绿、黄斑。富士等着色相对缓慢的晚熟品种，一般要在采前 25～30d 摘叶。内膛果着色缓慢，应提前 3～5d 进行。对同一植株，先摘内膛和树冠下部的遮光老化叶，后摘树冠外围和上部的挡光叶，行分期摘除。

摘袋后 1～2 周，如果背光面还未着色，这时可转果。转果的方法是用手轻托果实转动 180°，可用窄透明胶带与附近枝牵引固定方向。

（五）地面铺反光膜

对果实着色有利的光并不是直射光，而是反射光，地面铺设反光膜可促进果树内膛果实和萼洼处着色，提高全红果率。当前生产上应用较少，此项技术应在生产上大力推广应用。

果实着色开始时，如红富士在采收前 40d，红星和其他元帅系品种在采收前 25～30d 铺反光膜。

四、应用生长调节剂提高苹果果实品质

（一）生长调节剂的调控作用

生长调节剂是指从外部施用于植物，在较低浓度下具有植物激素活性的一些人工合成或天然提取的一些非营养物质的有机化合物。

1. 调控营养生长

（1）延缓或抑制新梢生长，矮化树冠。

（2）控制顶端优势，促进侧芽萌发，增加枝量，改变枝类。

（3）促进或延迟芽的萌发。

（4）开张枝条角度。

（5）控制萌蘖的发生。

2. 调节花芽分化，控制大小年

（1）抑制花芽分化，减少花芽数量。

（2）促进花芽形成。

3. 调节果实的生长发育

（1）促进果实生长。

（2）促进果实成熟。

（3）疏花疏果。

（4）防止采前落果。

4. 促进生根

（1）扦插生根。

（2）苗木移栽促进成活。

（3）组培苗的分化。

（二）应用生长调节剂提高苹果果实品质

在生产中使用普洛马林、果形剂等生长调节剂可以提高果实品质。

1. 普洛马林

对元帅系苹果，盛花期用 400 ~ 800 倍普洛马林喷洒，间隔 10d 加喷 1 次。能使果形更加突出果面的五棱，纵径增大，从而使果实更高桩，着色亦改善，果面光泽度好。

2. 果形剂

能明显地促使元帅系苹果果形高桩、五棱突出和着色深。

五、适期采收

采收过早，果实尚未成熟，影响产量，着色差、含糖量低、含酸量高、品味差，在贮藏过程中容易失水皱缩，减重快，还易产生苦痘病、褐烫病、虎皮病等生理病害，降低贮运能力。

采收过迟，着色过度，颜色老成，降低果实外观品质，增加果实病害、虫害、霜害、风害、鸟害等为害的机会，降低果实的商品率和优质果率，不耐贮藏。

（一）适宜采收期的确定

可以通过果品外观、品味、含糖量、果实生长天数及当地经验等确定适宜采收期。但任何一种果实成熟度的确定指标均有其局限性，同一品种在不同产地及不同年份，果实的适宜采收时间可能不同。因此，确定某一品种的适宜采收期，不可单凭一项指标，应将上述各项指标综合考虑，确定果实的成熟度。

1. 果品外观

包括果实大小、形状、色泽等都达到该品种的固有性状。绝大多数苹果品种从幼果到成熟，果皮颜色会发生有规律的变化。例如，果皮的底色由深绿色逐渐变为浅绿色或黄色等。有些品种着色较早，但果皮底色仍然是绿色，只有果皮底色由绿色变为黄色，果实才真正成熟。有的品种，如金帅等，可在果实底色为黄绿色时就采收，采后就销售的最好等到底色变为黄色时采收。

2. 风味

随着果实的成熟，果肉会逐渐变得松软，硬度逐渐降低，而未成熟时，果肉比较坚硬。

3. 含糖量

果实成熟时淀粉转化为糖，淀粉含量下降。可通过将碘液涂于果实横截面上，若70%～90%没有染上色为适宜采收期。

4. 果实生长天数

每个品种从盛花期到成熟期都有一个相对稳定的天数，一般早熟品种为100～120d，中熟品种125～150d，晚熟品种为160～180d。因不同地区果实生长期积温不同，采收期会有所差异，各地最好在自己习惯采收期前后10d左右内分期采收。

（二）分期采收

在一株树上，由于花期、坐果时间、果实着生部位等客观条件的不同，各个果实之间的成熟度必然会存在一定的差异。因此，为了保证绝大多数果实达到一定的成熟度，进行分期采收十分必要。成熟一批，采收一批，分2～3批采完，可最大限度地提高产量和品质。

（三）采后分级和处理

1. 分级

根据果实大小、色泽、形状、有无病虫害及机械损伤等进行初步分级。

2. 处理

刚采下的果实，一般含有大量的"田间热"。应先进行预冷、降温处理。方法是将分级后的果实放在遮阴处（例如，果园树荫下）堆放 4～5 层，白天盖草帘隔热，夜晚揭开降温。果温下降后，入库贮藏。

六、自然灾害及预防

北方地区常见的自然灾害主要是冻害、霜害、抽条和日灼等。

（一）冻害

果树在休眠期因受 0℃ 以下低温的伤害，细胞和组织受伤和死亡的现象，称为冻害。冻害的症状：树干受冻后有时发生纵裂，树皮与木质部脱离，严重时皮外卷；枝条轻微受冻髓部变色，中等冻害木质部变色，严重冻害韧皮部冻伤，待形成层变色时枝条失去恢复能力。多年生枝常表现树皮局部冻伤、变色、下陷、变褐。枝干的西南方向分叉处最易受冻。

花芽比叶芽和枝条抗寒力低。越冬时分化的程度越深、越完全，抗寒力越低，故腋花芽较顶花芽抗寒力强。受冻的花芽内部变褐色，外部鳞片松散无光，干缩枯萎。

根颈抗寒力低，因为根颈进入休眠最晚，而结束休眠最早，又近地面，温度变化剧烈。根颈受冻，树皮先变褐色，以后干枯，可发生在局部，也可能呈环状，常引起树体衰弱或死亡。

1. 冻害的影响因素

（1）内部因素。不同的树种、品种抗冻能力不同；树势强健的植株较生长衰弱和生长过旺的植株抗冻能力强；成年树比幼树抗冻能力强；枝条生长不充实，不能及时停长和落叶，容易受冻。

（2）外部因素。气候条件是造成冻害的直接原因。低温来临早，持续时间长，绝对低温低，温度变幅大，易造成冻害；不利于越冬的外部条件，如山北坡、低洼地、砂土地等，容易使树体受冻害。

2. 防止冻害的措施

（1）选择适宜园地和品种。根据当地自然条件，选择不易发生冻害的地点建园，避免在低洼地、深沟及风口处建园。选用在当地不易受冻的品种和砧木，如山定子、八棱海棠、短枝寒富、北海道9号等。

（2）加强综合管理，保证枝条充分成熟。一是严格控制后期肥水，防止枝条徒长；二是果园避免间作秋季需肥水多的大白菜、萝卜、秋茴子白、葫芹等；三是秋季剪除未成熟的嫩梢；四是清除果园杂草，并在秋末大青叶蝉转到树上产卵之前喷施杀虫剂，消灭果树行间杂草及间作物上的成虫。

（3）加强树体越冬保护。覆盖、设风障、包草、涂白等对预防冻害都有一定的效果。果园入冬前要灌足冻水，采用埋土方式越冬。即将树体卧倒后覆土20~50cm。也可在早春对树体喷涂高脂膜、石蜡乳剂、聚乙烯醇、羧甲基纤维素等保护剂，减少枝条水分蒸发。树冠下覆盖地膜及树体涂白也能减轻根系、枝干冻害和抽条。

（4）受冻树的护理。受冻后的树体疏导组织受到破坏，生长衰弱，应加强土肥水管理。土壤、叶面追施氮肥，灌水或覆盖保墒。剪除枯死枝，对形成层没有变色的部位可能恢复正常，不宜过早锯除。对根颈受冻的树要及时桥接。对裂开的树皮钉紧或绑缚紧，以利愈合。

（二）霜冻

霜冻是指果树在生长季夜间土壤和植株表面温度短时降到0℃或0℃以下，水气凝结成霜，引起果树幼嫩部分遭伤害的现象。其实质是短时降温引起植物组织结冰为害。霜冻按形成的原因有辐射霜冻、平流霜冻和混合霜冻3种类型。根据发生时间有早霜和晚霜，春季晚霜比秋季早霜为害更大。

1. 症状

早春萌芽时受霜冻，嫩芽或嫩枝变褐色或黑色，鳞片松散，干枯于枝上。花蕾期和花期受冻，由于雌蕊最不耐寒，轻霜时只将雌蕊和花托冻死，花朵照常开放，稍重的可将雄蕊冻死，严重时花瓣受冻变枯脱落。幼果受冻轻时，幼胚变褐，果实还保持绿色，以后逐渐脱落；受冻重时则全果变褐很快脱落。有的幼果轻霜冻后还可继续发育，但非常缓慢，成畸形果，在果实的胴部或顶部形成锈色环带，称为霜环。秋季早霜使晚熟品种果实遭受损失，使成熟不良的枝梢受冻。

2. 影响因素

不同品种、器官、物候期受冻程度不同，春季霜冻对物候期早的品种和植株影响大。由于霜冻是冷空气积聚的结果，空气流通处比冷空气易积存的地方霜冻轻。所以，靠近大水面的地方或霜前果园灌水，都可减轻为害。温度变化越大，温度越低，持续时间越长，则受害越重；温度回升慢，受害轻的还可以恢复；如温度骤然回升，则会加重为害。

3. 霜冻的预防

（1）选择无霜害园地。建园确定地点时避开低洼地等易积聚冷空气的地方。

（2）延迟发芽，减轻或避免霜冻。早春开花前连续灌水 2~3 次，可延迟开花 2~3d；早春用 7%~10% 石灰液喷布树冠，可使花期延迟 3~5d；春季主干和主枝涂白，可延迟萌芽和开花 3~5d；越冬前或萌芽前喷乙烯利、萘乙酸、B9 等生长调节剂可抑制春季萌动。

（3）改善果园霜冻时的小气候。在果园内用加热器加热，在果园周围形成一个暖气层，防止霜冻。利用吹风机，增强果园空气流通，将冷气吹散，可以防止辐射霜冻。用柴草熏烟或防霜烟雾剂防霜，也能预防霜冻。人工降雨、喷水、根外追肥，于霜冻来临时进行，也能预防和减轻为害。

（4）加强综合管理。加强栽培管理，可以增强树势，提高抗霜能力。若已发生霜冻灾害，更应采取积极措施，争取产量和树势的恢复。对晚开的花及时进行人工授粉，提高坐果率。促进受害后新生枝叶的生长。加强病虫防治和保叶工作，为来年生产打好基础。

（三）日灼

日烧又称日灼，是由太阳直射而引起的生理病害。

1. 日烧有冬春季日烧和夏季日烧两种

（1）冬春季日烧。是由于白天阳光直射，使枝干升温，冻结的细胞解冻，而夜间温度又急剧下降，使细胞冻结，冻融交替使皮层细胞受破坏。多发生在昼夜温度变化大、距地面近的枝干向阳面，开始时受害部位树皮变色，而后干枯，严重时树皮龟裂。

（2）夏季日烧。夏季日烧与干旱和高温有关。因夏季阳光直射，温度升高，水分不足，蒸腾作用减弱，使树体温度难以调节，造成枝干的皮层或果实表面温度过高而灼伤。叶根也能发生日烧。发生日烧部位为阳光直射的部位。

果实受害时，先出现桃红色斑点，稍重时斑的中间呈现白色，严重时变黄色或褐黄色。枝条上发生时，轻者变褐且表皮脱落，重者变黑如烧焦状且干枯开裂。

2. 日灼的预防

（1）冬春季日烧的防治。防止冬春季日烧，可在易发生日烧的枝干部位涂白、覆草、涂泥等。涂白可以保护树体，防止枝干冻害和日烧，并能防治病虫害。涂白的时间在秋季落叶前后。一般常用配方：水 10 份、生石灰 3 份、石硫合剂原液 0.5 份、食盐 0.5 份、油脂（动、植物油均可）少许。配制时先将石灰化开，倒入油脂充分搅拌，再加水成石灰乳，然后加石硫合剂与食盐水，也可加黏着剂以增强效果。可用刷子均匀涂抹，也可用喷雾器喷。浇越冬水也能防止日烧。其他防止冻害的措施对防止日烧也有作用。

（2）夏季日烧的防治。防止夏季日烧，应适时浇水，是防止夏季日烧的有效方法。另外，应合理修剪，使枝叶均匀分布，避免枝干光秃裸露和阳光长时间直射果实。也可进行果实套袋。加强综合管理，保证树体正常生长结果，避免各种原因造成叶片损失。

（四）抽条

苹果树越冬后枝条失水干枯的现象，叫抽条，又叫冻旱、抽干。北方发生普遍，西北地区尤其严重。

枝条在冬季即开始失水皱缩，最初轻，且可随气温的升高而恢复，大量的失水抽条不是在 1 月，而是发生在气温回升、干燥多风、地温尚低的 2 月中下旬至 3 月，轻者还可恢复正常，重者则失水干枯。

1. 影响因素

（1）外界因素。冬春期间，主要是早春，土壤水分冻结，解冻迟而地温低，根系不能或很少吸收水分，加上早春气候干燥、多风，地上部枝条蒸腾强烈，吸水与失水不平衡，造成植株缺水。冻旱属生理干旱。当干旱超过树体忍耐力时，便发生抽条。所以，抽条的外因主要是低温和干燥。此外，秋季低温的突然来临，使果树得不到越冬锻炼；低温造成的冻害、日烧等也降低抗冻旱能力；大青叶蝉产卵刺破枝条表皮造成伤口过多，加剧枝条蒸腾等，均可导致抽条。

（2）内部因素。抽条的发生还决定于树体本身抗冻旱的能力。不同品种抗冻旱能力有异。枝条充实，抗抽条能力强。幼树比成年树抽条重，特别是一、二年生幼树，根系分布浅，最易发生抽条。生长弱的树易抽条。树体不能及时进入休眠，易发生抽条。

2. 预防措施

（1）增强树体越冬性。生长后期控制肥水，秋季新梢摘心保证枝条及时停止生长，组织充实，贮养多，持水力强，蒸发量小。防治病虫，保护叶片，严防大青叶蝉在枝条上产卵。避免机械损伤。

（2）保持树体水分。首先是开源，即千方百计地增加根系吸水能力。常用技术措施有改土施肥（创造良好根际环境），巧灌越冬水，打防寒土埂（缩短冻土期和冻土深度），树盘覆盖（秸秆）或铺地膜，早春刨树盘。其次是节流，即尽量减少树体水分散失。主要技术措施有营造防护林、建风障，冬季修剪提早到抽干之前进行，新栽幼树用塑料条、袋缠裹枝干，用液体石蜡、树衣等防水分蒸发剂对树体喷雾或涂刷防治条抽。

（3）提高地温。幼树在树干北侧距树干 50cm 处筑一高 60cm 的半圆形土埂、树干周围地膜覆盖，果园覆草等有利于提高地温，降低冻土层厚度，有利于根系吸水，因而可有效防止抽干。

第六章　梨

第一节　梨树品种的识别

梨属于蔷薇科梨属。目前，全世界梨属植物有 35 种，原产于我国的有 13 个种：秋子梨、白梨、砂梨、河北梨、新疆梨、麻梨、杏叶梨、滇梨、木梨、杜梨、褐梨、豆梨及川梨，1871 年从美国引入西洋梨。我国现在栽培的梨品种绝大多数属于秋子梨、白梨、砂梨、新疆梨和西洋梨 5 种，其他种类主要用作砧木。

一、鸭梨

是白梨系统的品种，为我国古老的地方良种。华北各地如河北、山东、山西、陕西、河南和东北辽宁均有大面积栽培，尤以河北晋县、定县，山东的阳信、冠县、陵县等地栽植最盛，在国内外享有很高的声誉，为我国主要的梨出口品种。

此品种树势强健，树冠开张，成枝力弱，枝条稀疏，幼龄期枝条有扭曲生长的习性。果实中大，平均重 185g，果实倒卵圆形，近果梗处有一鸭头状小突起，故名鸭梨。果基一侧有瘤突；果柄长 5.6~5.7cm，常弯向一方，基部常膨大呈肉质；采收时果皮绿黄，贮藏后变黄色，果点小，果面平滑，有蜡质光泽。果皮薄，果肉白色，果心小，肉质细嫩，脆而汁液极多，味甜有香气，品质上等。果实较耐贮藏，可贮至翌年 2—3 月，但贮藏期间易得黑心病。9 月中下旬成熟。

二、雪花梨

是白梨系品种，原产河北省赵县、定县一带，是华北地区著名的大果型优良品种。

幼树生长健壮，枝条角度小，不开张，树冠扩大较慢。果实大，一般 250 ~ 300g，个别大果 1 000g 左右。果实长卵圆形或长椭圆形。果梗长，萼片脱落，梗洼有锈。果皮绿黄色，贮后转为鲜黄色，皮细光滑，有蜡质，果点褐色，较小而密，分布均匀，脱萼。果心小、果肉白色，味甜多汁，品质中上等，可贮至翌年 5 月。在河北石家庄地区果实 9 月上中旬成熟，抗寒性强，适于寒冷地区栽培，但易感黑腥病，虫害也重。

三、水晶梨

属砂梨品种，韩国从新高芽变中选育成的黄色梨新品种。幼树生长势强，结果后树势中庸，枝条较稀，直立，一年生枝绿褐色，粗壮。果实圆形或扁圆形，单果重 380g，果皮淡黄绿色，贮后变乳黄色，表面晶莹光亮，有透明感，外观诱人。果肉白色，肉质细嫩，汁多味甜，可溶性固形物含量 14.0%。石细胞少，香味浓郁，品质极上，果实切开后有透明感，故名"水晶梨"。10 月上旬成熟，耐贮运，抗寒、抗旱、抗病性强，是一个优良的晚熟品种。

四、酥梨

原产于安徽省砀山，是古老的地方优良品种。

该品种有 4 个品系，即白皮酥、青皮酥、金盖酥、伏酥。幼树生长势强，树冠直立；成树半开张，生长缓和。萌芽力和成枝力中等，以短果枝结果为主；幼树结果早，成树丰产、稳产性好。果实近圆柱形，顶部平截稍宽，平均单果重 250g，大者可达 500g 以上；果皮绿黄色，贮后黄色；果点小而密；梗洼浅狭，近果梗处常有锈斑；果心小，果肉白色，中粗，酥脆，汁多，味浓甜，品质上等；9 月上旬成熟，适应性极广，对土壤气候条件要求不严，耐瘠薄，抗寒力中等，抗病力中等。

五、巴梨

原产英国，1871 年自美国引入山东烟台。

幼树生长旺盛，枝条直立；初盛果期树势健壮，以短果枝群结果为主。果实大，壮树负荷适量时，单果重 250g，果实为粗颈葫芦形，果梗粗短，萼片宿存或残存。果皮绿黄色，经贮放变黄色。果心小，果肉乳白色，采后贮放 10d 左右，肉质柔软，易融于口，石细胞极少，多汁，味浓香甜，品质极上。果实不耐贮藏。肥水不足，树势衰弱时，产量下降，易受冻害并易感腐烂病，使树株寿命缩短，其丰产年限远不如白梨系统品种。

六、中华玉梨

又名中梨 3 号。中国农业科学院郑州果树研究所 1980 年用大香水×鸭梨为亲本杂交培育而成。树势中庸健壮，萌芽率高，成枝力中等，以短果枝结果为主，有一定的腋花芽结果能力。果实卵圆形，平均单果重 280g。果皮绿黄色，光滑，果点小而稀。果实套袋后外观洁白如玉，很漂亮。果肉乳白色，石细胞极少，汁液多，果心小，肉质细嫩松脆，香甜、爽口、味浓，综合品质优于砀山酥梨和鸭梨。郑州地区 9 月底或 10 月初成熟，并可延迟到 10 月底采收。果实在常温下可贮藏 3～5 个月，是目前最耐贮存的优良晚熟品种。

第二节　梨树生长结果习性

一、梨树各器官的生长特性

（一）根

梨根系发达，有明显主根，但须根较少。一般情况下，垂直根分布深度为 2～3m，水平根分布一般为冠幅的 2 倍左右，少数可达 4～5 倍。根系分布深度、广度和稀密状况，受砧木种类、品种、树龄、土壤理化性质、土层深浅和结构、地下水位、地势、栽培管理等因素影响较大。一般梨树根系多分布于肥沃的上层土中，在 20～60cm 土层中根的分布最多最密，80cm 以下根量少，150cm 以下的根更少。水平根愈接近主干，根系愈密，愈远则愈稀，树冠外一般根渐少，并且大多为细长分叉少的根。

梨树的根系活动比地上部生长要早 1 个月。当地温达到 0.5℃时根系开始活动（比苹果要早），土壤温度达到 7～8℃时，根系开始加快生长，13～27℃为根系生长的最适温度。达到 30℃时根系生长不良，超过 35℃时根系就会死亡，成龄梨树的根在年周期内有 2 次生长高峰，第一次在新梢旺盛生长之后的缓慢生长期；第二次在采收后。幼年树的根系在萌芽前还有一小的高峰生长。

根系生长与温度、水分、通气、矿质营养、树体营养等条件密切相关。

（二）芽

梨树芽可分为叶芽与花芽。叶芽外部附有较多的革质的鳞片，芽个体发育程度较高，芽体较大，并与枝条呈分离状。梨树的芽为晚熟性芽，大多在春末、夏初形成，一般当年不萌发，第二年抽生一次新梢。除西洋梨外，中国梨的大多数品种当年不能萌发副梢。到第二年，无论顶芽还是侧芽，绝大部分都能萌发成枝条，只有基部几节上的芽不能萌发而成为隐芽。萌发芽的基部也有 1 对很小的副芽不能萌发。短梢一般没有腋芽，中长梢基部 3 ~ 5 节为盲节。

所以，梨树常用枝条基部的副芽作为更新用芽。

（三）叶

梨叶具有生长快，叶幕形成早的特点。单叶从展开到成熟需 16 ~ 28d。

长梢叶面积形成一般在 60 多天，长成后叶面积较大，光合生产率高，后期积累营养物质多，对梨果膨大、根系的秋季生长和树体营养积累有重要的作用。中、短梢叶面积的形成需 20 ~ 40d，光合产物积累早，对开花、坐果、花芽分化有重要的作用。

梨叶片在初期生长过程中，叶面基本无光泽，但在展叶后 25 ~ 30d，即 5 月中下旬叶片停止生长时，全树大部分叶片在几天之内，会比较一致地显出油亮的光泽，这在生产上称为“亮叶期”。亮叶期标志当年叶幕基本形成、芽鳞片分化完成和花芽生理分化开始。因此，凡是为了促进花芽分化，增强叶片功能或果实膨大的管理措施，都应在亮叶期前或亮叶期进行，这样才能起到较好的作用。

（四）枝条

梨为高大乔木，干性强，树势强健，寿命长。树冠层性明显，干性和顶端优势都比苹果更强，树体常常出现上强下弱现象。幼树期间，枝梢分枝角度小，极易抱合生长。进入盛果期后，枝条生长势减弱，主枝逐渐开张；梨树多数萌芽力强、成枝力弱，树冠内枝条密度明显小于苹果。但品种系统间差异较大，秋子梨和西洋梨成枝力较强，白梨次之，砂梨最弱；新梢多数只有1次加长生长，无明显秋梢或者秋梢很短且成熟不好。新梢停止生长也远比苹果要早，梨的新梢生长主要集中在萌芽后1个月左右的时期内，与花期、花芽分化期的营养物质的竞争比苹果小。因此，花芽形成比苹果容易，生理落果现象比苹果轻。

二、梨树开花结果特性

（一）花芽

梨花芽是混合芽，顶生或侧生，较易形成，一般能适期结果，特别是萌芽率高、成枝力低的品种，或腋花芽有结实力的品种结果较早。

梨以顶花芽结果为主，但腋花芽也有一定的结果能力。梨花芽分化一般在6月上旬至9月上旬，短果枝早于中长果枝，顶花芽早于腋花芽。梨树开花比苹果早，梨多数品种先开花后展叶，少数品种花叶同展或先叶后花，但不同品种系统之间也有差异，花期最早的为秋子梨，白梨次之，砂梨、西洋梨最晚。梨的花序为伞房花序，每花序平均有5~10朵花，边花先开，中心花后开。梨的大部分品种自花结果率很低，必须进行异花授粉才能保证坐果，生产上一定要注意配置授粉树才能确保高产、稳产；花期能持续1周左右，但授粉以开花当天效果最好，即在柱头上有发亮的黏液，花丝上有紫红色花药时进行，3d后基本不能受精。

（二）果实

授粉受精之后，幼果开始发育，其发育过程分为3个时期，即第一速生期、缓慢生长期和第二速生期。第一速生期是从落花后25~45d，此期果肉细胞迅速分裂，细胞数量增加，幼果的纵径生长快于横径生长，果实呈长圆形；第二期（缓慢生长期）为胚的发育时期，此期果实增长缓慢，主要是胚和种子的发育充实；第二速生期是在种子充实之后，此期果实细胞体积迅速增大，也是影响果实产量的最重要时期。

梨树开花量大，大部分品种具有落花重、落果轻、坐果率高的特点。一般在果实发育过程中有2次生理落果，第一次在花后1~2周，主要是授粉、受精不良而致；第二次是在花后4~6周，主要是器官间的营养竞争所致。梨树春季发芽早，常常造成有机物质营养不足。

梨的结果枝可分为长果枝、中果枝、短果枝和腋花芽枝4种不同的类型。成年梨树以短果枝结果为主。梨结果新梢极短，开花结果后，结果新梢膨大形成果台，其上产生果台副梢1～3个，条件良好时，可连续形成花芽结果，但经常需在结果的第二年才能再次形成花芽，隔年结果。果台副梢经多次分枝成短果枝群，一个短果枝群可维持结实能力2～6年，长的可达10年，因品种和树体营养等条件而异。

三、梨树对环境条件的要求

1. 温度

梨树喜温，生长期需要较高的温度，休眠期则需一定低温。梨对温度的要求因其属不同系统而异（表6－1）。白梨、西洋梨要求冷凉干燥的气候，砂梨较耐湿热，适于长江流域及其以南地区栽培。原产中国东北部的秋子梨极耐寒。

不同器官、不同生育阶段对温度的要求也不一样，如梨的根系为0.5℃以上即开始活动，6～7℃才发生新根；开花要求气温稳定为10℃以上，达到14℃时开花加快，开花期间若遇到寒流温度降至0℃以下，则会产生冻害；花粉自发芽到达子房受精一般需要16℃的气温条件下44h，这一时期遇到低温，可影响受精坐果。果实发育和花芽分化需要20℃以上的温度，果实在成熟过程中，昼夜温差大，夜间温度低，有利于同化作用，有利于着色和糖分积累。

表6－1 梨不同品种系统对温度的适应范围（℃）

品种系统	年平均温度	生长季 （4—10月） 平均温度	休眠期 （11月至翌年3月） 平均温度	绝对 最低温
秋子梨	4.5～12.0	14.7～18.0	−13.3～−4.9	−19.3～30.3
白梨、西洋梨	7.0～15.0	18.1～22.2	−2.0～3.5	−16.4～24.2
砂梨	14.0～20.0	15.5～26.9	5.0～17.2	−5.9～13.8

2. 光照

梨为喜光树种，年需日照在1 600～1 700h。1d内一般要求有

3h 以上的直射光较好。就大多数梨产区讲，总日照是够用的，个别年份生长季日照不足的地区，要选择适宜的栽植地势坡向、密度和行向，适当改变整枝方式，以便充分利用光能。

3. 水分

梨树生长发育需水量较多。蒸腾系数为 284～401，每平方米叶面积蒸腾水分约 40g，低于 10g 时，即能引起伤害。梨的需水量为 353～564ml，不同种类的梨需水量不同，砂梨需水量最多在降水量为 1 000～1 800mm 地区仍然能正常生长；白梨和西洋梨次之，主要产在 500～900mm 降水量的地区；秋子梨最耐旱，对水分不敏感。梨树耐旱、耐涝性均强于苹果。在年周期中，以新梢旺长和幼果膨大期、果实快速生长期对水分需要量最大，对缺水反应也比较敏感，应保证供应。

在地下水位高、排水不良、空隙率小的黏土中，根系生长不良。久旱、久雨都对梨树生长不利，在生产上要及时旱灌涝排，尽量避免土壤水分的剧烈变化。

4. 土壤

梨树对土壤的适应性强，无论是壤土、黏土、沙土，还是有一定程度的盐碱土壤都可以生长。但以土层深厚、土质疏松、透水和保水性能好、地下水位低的砂质壤土最为适宜。梨树对土壤酸碱适应性较广，pH 值 5～8.5 均能正常生长，以 pH 值 5.8～7 为最适宜；梨树耐盐碱性也较强，土壤含盐量为 0.2% 以下生长正常，超过 0.3% 则根系生长受害，生育明显不良。不同的砧木对土壤的适应力也不同，砂梨、豆梨要求偏酸，杜梨可偏碱，杜梨比砂梨、豆梨耐盐力都强。

第三节 梨优质高效栽培技术

一、土肥水管理

(一) 土壤管理

1. 深翻改土

果园深翻熟化，结合增施有机肥并逐年压土是进行果园土壤改良的最有效措施。方法：扩穴深翻，隔行深翻，秋季落叶后至土壤封冻前进行果园土壤耕翻，深度为 15~20cm，深翻后耙平，保持土壤水分。

2. 行间间作

幼年果园合理间作可充分利用土地和空间，增加前期收益。间作时应注意：一是间作物的高度不应超过 60cm，生长期短，且不与梨树争肥、争水；二是间作的作物与梨树的距离应在 100~120cm 为宜，距离太近，增加了地面的湿度，会造成砂梨中绿皮梨品种如黄金、水晶等果面水锈太重，降低果实的商品果率；三是间作物应以马铃薯、大蒜、大姜、大葱、绿豆、豌豆、白菜、大豆、甘薯、花生为主。

3. 树盘覆草

有生草后覆草和直接覆草两种方法。前者适于有灌溉条件的地方，在行间先种植黑麦草、白三叶、红三叶等牧草，待草长到 50~60cm 时，用机械割草机留 10cm 高割草后，覆于树盘下部，割后应及时进行追肥，以每亩追 25kg 尿素或 30kg 氮、磷、钾三元复合肥为佳。后者是用麦秸、稻草、玉米秸、豆秸、杂草、树叶等覆盖，覆草厚度为 20cm，时间在 5—6 月为佳。

4. 中耕

实行清耕制的果园，在生长季降雨或灌水后，及时中耕除草，保持土壤疏松，以利调温保墒。

（二）施肥

1. 需肥特点

梨树根系稀疏，对肥料吸收较慢，新梢和叶片的形成早而集中，年周期中，有 2 个器官集中生长的高峰期，第一个在 5 月，是根系生长、开花坐果和枝叶生长旺盛期；第二个在 7 月，主要是果实膨大高峰和花芽分化盛期（图 6-1）。年周期需肥典型特点是前期需肥量大，供需矛盾突出。

2. 施肥时期

（1）秋施基肥。是梨树肥水管理中最主要的一次施肥，同时还具有改良土壤的作用。基肥要以有机肥为主，适量混入一些速

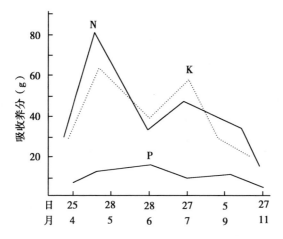

图 6 - 1 成年梨树不同时期对各种养分的吸收

效肥料,全年所需磷肥可以结合基肥一次性施入。果实采收后,用沟施或放射状条沟等方法,每千克果实施 1kg 优质农家肥。

(2)合理追肥。

①萌芽开花前追肥。以萌芽前 10d 左右为宜,以氮肥为主。春季花芽继续分化、萌芽、新梢生长、开花坐果和幼果生长,都需要消耗大量的营养物质,尤其细胞分裂旺盛,需要合成大量的蛋白质。所以,对氮素需求特别高。由此可见,此次追肥以氮肥为主,氮肥用量应占全年的 20%。

②花后或花芽分化前期追肥。可在花后、新梢旺长前施用,量不宜多;如果前期肥料充足、树体健壮、负载量适中,可以不施,改为花芽生理分化前追施,一般在 5 月中旬至 6 月上旬进行,宜追复合肥。施入全年氮肥用量的 20% 和全年钾肥用量的 60%。

③果实膨大期追肥。应在 7—8 月进行,视品种而异。追肥应以钾肥为主,配以磷、氮,以加速养分运转和细胞分化,施入钾肥用量的 40% 和全年氮肥用量的 10%。

④营养贮藏期追肥。此次追肥可以和秋施基肥结合进行,结果大树、生长偏弱树,要适当多施氮肥。可提高叶片的功能,延长叶片寿命,增加光合产量,有利于树体贮藏营养水平的提高。

每株施磷酸二铵或硫酸铵 2.0 ~ 2.5kg。

3. 水分管理

梨树的抗旱性与耐涝性比苹果强，但它的需水量比苹果大。梨园灌水的原则是"春旱必灌，花前适量，花后补墒，严防秋旱，采后冻前必灌"。根据梨树的生长发育规律，1 年中应进行下面几次灌水。

（1）萌芽水。在花蕾分离期结合土壤追肥进行（4 月底至 5 月初）。主要是补充土壤水分，促进萌芽开花，对新梢的生长发育，扩大叶面积，增加坐果率都有重要作用。

（2）花后水。在落花后，生理落果前结合土壤追肥进行（6 月中旬至 7 月上旬）。梨树在此期需水最多，供水不足会引起大量落花落果，同时春梢的生长量也会大大减少。

（3）催果水。于果实迅速膨大期进行（9 月中旬）。以促进果实发育和花芽分化，对当年的产量和翌年的产量都有很大的影响。

（4）灌秋水。于果实采收后结合秋施基肥进行。

（5）封冻水。大致在 10 月下旬至 11 月上旬封冻前进行。

以上几次灌水不能机械照搬，要根据天气情况、土壤水分状况和果树实际需要，并结合土壤追肥灵活运用。

灌水的方法有漫灌、沟灌、畦灌、滴灌、喷灌、管灌等几种。

在梨树栽培中，发生下列情况应及时进行排水。

①多雨季节或一次降雨过大造成梨园积水成涝，一时之间渗漏不了时，应挖明沟排水。

②在河滩地或低洼地建立梨园，雨季时如果地下水位高于梨树根系的分布层，则必须设法排水。可以在梨园开挖深沟，排水沟应低于地下水位，把水引向园外。

③土壤黏重、渗水性差，或在根系分布区下有不透水层时。由于黏土土壤空隙小，透水性差，一旦降雨就易积涝，必须及时搞好排水设施。

④盐碱地梨园。因下层土壤的含盐量高，会随水的上升而到达表层，若经常积水，因地表水分不断蒸发，下层水上升补充，造成土壤次生盐渍化。因此，必须利用雨水淋洗，使雨水向下层渗漏，然后汇集在一起排走。

在经常有积涝或次生盐碱化威胁的梨园，可以采用较先进的地下管道排水法，即在梨园地下一定深度的土层内，安装能渗水的管道，让多余的水分从管道排走。

二、整形修剪

梨整形修剪的基本原则和主要技术与苹果相似，但与苹果相比具有自己的特点，生产上应根据梨树的生物学特性和结果特性进行。

（一）梨树的整形修剪特点

1. 要注重培养好各级骨干枝

梨树树体高大，顶端优势及干性、萌芽力都特别强，枝条比较直立，开张角度小，容易发生上强下弱现象。因此，必须重视控制顶端优势、限制树高，重视生长季节开张枝条角度，平衡骨干枝长势；选留原则按照确定树形的要求，重点考虑枝条生长势、方位两个因素，要对选定枝采用各种修剪技术及时地调控，进行定向培养，促其尽量接近树形目标要求。在修剪时要对中干延长枝要适当重截，并及时换头，以控制上升过快，增粗过快。但盛果期后容易衰弱。所以，骨干枝角度一般小于苹果骨干枝。

2. 培养大、中型枝组，精细修剪短果枝群

要轻剪多留辅养枝，少短截、多缓放，尽量少疏或不疏枝，及早培养健壮枝组，促其尽量早结果。枝组应重点在骨干枝两侧培养，对背上枝组要严格控制长势和大小，否则易形成树上树，不仅其他枝组很难复壮，而且严重干扰树形结构。对小枝组和较早出现的短果枝群（骨干枝中下部较多）应适当缩剪，集中营养，防止早衰。

3. 增加短截量，减少疏枝量，少用重短截

根据梨萌芽力强而成枝力弱的特点和枝条基部有盲节的现象，为保证早期结果面积，并防止中、后期树势衰弱，应在修剪中适当增加短截量，减少疏枝量，少用重短截，尽量利用各类枝；同时，梨树隐芽寿命长，利于更新。梨树经修剪刺激后，容易萌发抽枝，尤其是老树或树势衰弱以后，大的回缩或锯大枝以后，非常易发新枝，这是与苹果有所区别的不同之处。

（二）适宜树形

1. 小冠疏层形

小冠疏层形（图6-2）是缩小了的主干疏层形。是中度密植梨园树形之一，一般株距3~3.5m，行距4~5m，每亩38~56株，其特点是骨架牢固，产量高，寿命长，光照好，成形容易。

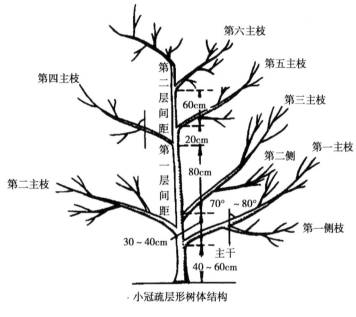

小冠疏层形树体结构

图6-2　小冠疏层形

第一层3个主枝，平面夹角均为120°，垂直角50°左右，每个主枝上有2个侧枝，侧枝在主枝上的着生点要略偏背下。第二层2个主枝，根据需要可无侧枝，直接着生枝组，第二层主枝的垂直角度40°~45°。

培养过程如下。

（1）第一年。梨苗定干后一般只发2~3个枝，用第一枝做中干剪留40cm左右。第二枝剪留30cm，并注意剪口下第一芽留背后芽，第二芽留在略偏背下的位置上，以利萌发后形成侧枝。定干后2个新生枝夹角较小时，第一枝剪留40cm，第二枝重短截并里芽外蹬。

（2）第二年。第二年再去直留斜重新培养第一主枝。

（3）定干第三年。中干延长枝不能按层间距的要求培养第四主枝，否则不仅后部空膛，浪费空间，也无法培养辅养枝。应剪40cm左右。

（4）定干4年后。第一层3个主枝基本确定，剪截中干延长枝时，剪口下第一芽应留在第一、二主枝之间，距第三主枝80cm左右，并采取芽前刻伤、生长季对第二芽萌发的枝摘心或扭梢等措施，促进第三芽生长，以利下一年用第三芽萌发的枝培养第四主枝。

2. 倒人字形

该形由开心形演变而来，在乔砧密植条件下，可获得极好的产量，并能提高果品质量，是生产优质高档梨的主选树形（图6-3）。

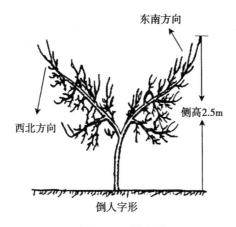

图6-3　倒人形

该树形干高50cm，南北行向，两个主枝分别伸向东南和西北方向，呈斜式倒人字形。主枝腰角70°，大量结果时达到80°，树高2.5m。适宜于高密度栽植，株行距为1m×3m、1.5m×3m，每亩148~222株。

该树形定植时不定干呈45°角伸向东南方向斜栽，并将向前部拉平，在弓起部位选一饱满芽，在芽前刻伤，抹去其他背上芽。待其萌发生长，至秋季将其拉向相反方向作为另一主枝。在此过程中，对背上萌发的其他枝条进行拉、别或疏除。冬剪时，将主枝进行短截培养。

3. 纺锤形

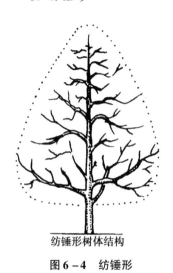

纺锤形树体结构

图6-4 纺锤形

具有早果、丰产、优质、抗病虫、投资少、易管理等诸多优点。该树形适宜于 80～110 株/亩的栽植密度（图6-4）。

梨树纺锤形树体干高一般 50～60cm，树干不超过 3m，中心干上着生 10～15 个主枝，单轴向四周延伸，主枝间距 20cm 左右，主枝开张角度 70°～90°，同方位主枝间距大于 50cm，主枝上直接着生中小型结果枝组。早熟品种更适宜该树形。

培养过程：方法同于小冠疏层形。定干后剪口下萌发两个枝，夹角较小时，将剪口下第一枝逆向弯倒拉平甩放，用剪口下第二枝做中干延长枝，中短截。由于梨枝较脆，不要顺向拉枝，否则基部易劈裂。枝条拉平甩放后形成一串花芽，留 3～4 个饱满花芽缩剪，中干照常培养。

1 年生树冬剪。当新梢不足 80cm 时，可轻剪促进生长，枝条长度在 1m 以上，可缓放不剪，中心干枝如生长量过小，可剪截加速生长，等次年长出旺盛新梢后再培养主枝。如中心干长度超过 1.5m 以上，可缓放不剪，来年春 50cm 处以拉代剪，促发枝量，控上促下生长。2 年生以后冬剪。基本剪法同 1 年生一样，轻剪有空间的枝条，长放相交达到距离的枝条，直至树形完全建成。

4. 单层高位开心形

单层高位开心形（图6-5）树高 3.5m，冠径 4～4.5m，干高 60～80cm。全树分两层，有主枝 5～6 个，其中，第一层 3～4 个，第二层2个。层间距1~1.5m。小主枝围绕中心干螺旋式上升，间隔0.2m，小主枝与主干分生角度为80°左右，小主枝上直接着生小枝组，每主枝配侧枝3~4个，该树形透光性好，最适宜喜光性强的品种。

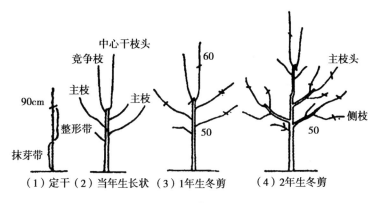

图6-5　单层高位开心形

（三）不同年龄时期修剪

1. 幼树及初果期树的修剪

此期梨树修剪的目的主要是整形和提前结果。幼树期的整形修剪以培养树体骨架，合理造形，建立良好的树体结构，迅速扩冠占领空间为重点；同时，注意促进结果部位的转化，培养结果枝组，充分利用辅养枝结果，提高早期产量，做到整形的同时兼顾提早结果。

（1）控冠。梨树大多数品种是高大的乔冠树体，因此，栽培时要注意控冠。定干应尽量在饱满芽处进行短截，一般定干高度为80cm左右。为促进幼树快长，距地面40cm以内不留枝。冬剪时中干延长枝剪留50~60cm，主枝延长枝剪留40~50cm。

（2）开张角度。梨树的多数品种极性很强，分枝角度小，直立生长，易造成中心干与主枝、主枝与侧枝间生长势差别太大，产生干强主弱、主强侧弱、上强下弱、前强后弱等弊病，不利于开花、结果。

①防止中心干过粗、过强、上强下弱。可多留下层主枝和层

下空间辅养枝,下层主枝可留 4～5 个,可采用邻接着生、轮生或对生枝;对中心干上部的强盛枝及时疏缩,抑上促下,或者采取中心干弯曲上升树形,超高时落头开心。

②克服主强侧弱和主枝前强后弱。对生长势强的主枝要加大枝条角度,主枝基角一般可在 50°以上,主要采用坠、拉、撑的方法来开张枝条角度,而不采用"里芽外蹬"的方法;选择方位好、生长较强的作为侧枝,主枝短截时,应在饱满芽前一两个弱芽上剪截,这样发枝较多且均匀,可避免前强后弱。

(3)骨干枝选留。梨多数品种萌芽力强、成枝力弱,一般只发 1～2 个长枝,个别发 3 个。因此,要注意以下几点。

①梨树定植后第一年为缓苗期,往往发枝很少,这种情况不要急于确定主枝,冬季可不修剪。或者对所发的弱枝,去顶芽缓放,并在主干上方位好的部位,选壮短枝,在短枝上刻伤促萌,这种短枝所发的枝,基角好,生长发育好,在去顶芽后与留下的弱枝可相平衡。梨树在第一年往往选不出 3 个主枝,则要对中心干延长枝重截,这样明年可继续选留主枝。

②主枝延长枝头剪口第三、第四芽,留在两侧,同时,刻芽,促发侧枝。

③轻剪多留枝,主侧枝可适当多留,要多留辅养枝和各类小枝,前 4 年基本不疏枝,结果后疏去或缩剪成大小枝组。

(4)短果枝和短果枝群的培养。成年梨树 80%～90% 的果实是短果枝和短果枝群结的,短果枝是由壮长枝条缓放后形成的,或由长、中果枝顶花芽结果后,在其下部形成的,对这些枝修剪只留后部 2～3 个花芽,即成为小型结果枝组。短果枝上的果台枝或果台芽,连续或隔年结果,经 3～5 年形成短果枝群。对这类短果枝群,要疏去过多的花芽,去前留后,去远留近,才能做到高产稳产。

(5)清理乱枝,通风透光。由于前期轻剪缓放冠内枝条增多,内膛光照变差,结果部位外移。应通过逐年疏枝、回缩,处理辅养枝,清理乱枝,保持树冠通风透光,小枝健壮,达到优质丰产的目的。

对梨树的幼树要及时进行拉枝、环剥、刻伤、摘心等一系列措施,要根据不同的地力、不同的自然环境、不同的品种、不同的栽培技术、不同的长势来确定不同的整形修剪技术。

2. 盛果期修剪

盛果期是梨树大量结果的时期。此期树冠大小基本固定，产量达到高峰。修剪的基本原则：调整好树势，维持良好的生长与结果的平衡关系和各级枝条的主从关系，及时更新结果枝组，保持适宜的枝量和枝果比例，使结果部位年轻健壮，结果能力强，改善冠内光照条件，确保梨果优质。

（1）树势调整。树势偏旺时，采用缓势修剪法，多疏少截，去直留平，弱枝带头，多留花果，以果压势；树势弱时，采用增势修剪法，抬高枝条角度，壮枝壮芽带头，疏除过密细弱枝，加强回缩与短截，少留花果，复壮树势；对中庸树的修剪要稳定，不要忽轻忽重，应各种修剪方法并用，及时更新复壮结果枝组，维持树势的中庸健壮。

（2）骨干枝的修剪。对结果后角度加大的骨干枝，在尚未下垂前，不要急于回缩，可先培养背上新的延长枝，待其加粗后，再行换头更新。部分发生交叉紊乱的骨干枝或大型枝组，可以分清主次，改变延长枝方向，也可轻度回缩。维持骨干枝单轴延伸的生长方向和生长势，调整延长枝角度，对逐渐减弱的骨干枝延长枝适度短截。

（3）改善树体内的光照。梨树盛果期容易出现冠内枝条过密，光照不良现象。可疏除一部分过密的大、中型辅养枝，或用以缩代疏的方法改为结果枝组。打开天窗，通畅行间，清理层间，疏除下裙枝，疏缩冠内直立枝。

（4）及时更新结果枝组。结果枝组修剪的总体原则是"轮换结果，截缩结合；以截促壮，以缩更新"。在具体修剪时应注意结果枝、发育枝、预备枝的"三套枝"搭配，做到年年有花、有果而不发生大小年，真正达到丰产、稳产的生产目的。

（5）大小年树的修剪。"大年"结果时，要重剪花多的结果枝组，轻剪或不剪花少或无花的结果枝组，尽量多保留叶芽。"小年"结果时，修剪时，应尽量多留花芽，可在花芽前部短截或在分枝处回缩，以提高坐果率。

梨树潜伏芽寿命长，当发现树势开始衰弱时，要及时更新复壮，其首要措施是加强土、肥、水管理，促使根系更新，提高根系活力。在此基础上通过重剪刺激，促发较多的新枝来重建骨干枝和结果枝组。修剪时将所有主枝和侧枝全部回缩到壮枝壮芽处，结果枝去弱留强。衰老较轻的，可回缩到 2~3 年生部位，选留生长直立、健壮的枝条作为延长枝，促使后部复壮；注意抬高枝干和枝条的生长角度，回缩时应用背上枝换头。对结果枝组，要利用强枝带头，强枝要留用壮芽。回缩时要分期、分批地轮换进行，不可一次回缩得太急、太快。全树更新后要通过增施有机肥和配方施肥来加强树势，加强病虫害防治，减少花芽量，以恢复树势，同时也要注意控制树势的返旺，待树势变稳后，再按正常结果树来进行修剪。一般经过 3~5 年的调整，即可恢复树势，提高产量。

密植梨树整形修剪要点：对于密植梨树整形修剪，不仅要注意个体结构，更要考虑群体的结构，整形修剪不能套用稀植栽培的办法，主要应把握好以下几点。

①树形由高大圆向矮小扁转变，多采用各类纺锤形（自由纺锤形、细长纺锤形）、主干形等；栽植密度越大，树形越简化。不刻意追求典型的树形，而以有形不死、无形不乱，树密枝不密，大枝稀小枝密，外稀内密为整形的基本原则。

②采用大角度整形，将强旺枝一律捋平，使之呈水平下垂状，促发中短枝。尽早转化成结果枝结果，达到以果控冠的目的。

③用轻剪或不剪（以刻代剪，涂药定位发枝，以拉代截）取代短截。提倡少动剪，多动手。修剪中 80% 的工作量是由拉、拿、撑、刻剥、弯别、压坠等完成的。

④整形结果同步进行。主枝上不设侧枝而直接着生结果枝组，主枝以外的枝条都作辅养枝处理；大量辅养枝通过夏季管理很快出现短枝，转向结果，结果后逐年回缩或去掉，临时性辅养枝让位于骨干枝，"先乱后清"，整形结果两不误。

⑤改以往冬剪为主为夏剪为主的四季修剪。在时期上，春季进行除萌拉枝；夏季进行环剥、环割、拿、别、压、伤、变等手术；秋季对角度小的枝条拿枝软化，疏去无用徒长枝、直立枝。

⑥控冠技术由单纯靠修剪控制转向果控、化控、肥控、水控等综合措施调控。

⑦培养各类枝组多以单轴延伸，先放后回缩的方法为主。无

花缓，有花短，等结果后逐年回缩成较紧凑的结果枝组。

三、花果管理

梨树的花果管理重点是保证授粉受精、疏花疏果、提高果实品质和适期采收。

1. 授粉

梨多数品种不能自花结果，生产上必须配置适宜的授粉树（表6-2）。授粉树的数量一般占主栽品种的1/8~1/4，并栽植在行内，即每隔4~8株主栽品种定植一株授粉树。

表6-2 梨树新品种及适宜的授粉品种

主栽品种	授粉品种
黄 金	甜梨、晚三吉、圆黄、秋黄、绿宝石
水 晶	绿宝石、秋黄、圆黄、丰水、早酥
秋 黄	长十郎、甜梨、丰水、幸水、新水、晚三吉
华 山	秋黄、长十郎、今村秋、新水、幸水、金廿世纪
圆 黄	秋黄、丰水、鲜黄、爱宕、幸水
绿宝石	七月酥、玛瑙、早酥、丰水、幸水
南 水	金廿世纪、幸水、新水、松岛、丰水
爱甘水	丰水、新兴、金廿世纪、松岛、幸水
红巴梨	冬香梨、红考米斯梨、伏茄梨、金世纪梨
早 酥	锦丰梨、鸭梨、雪花梨、苹果梨
锦 丰	早酥梨、苹果梨、酥梨、雪花梨
丰 水	爱宕、金廿世纪、晚三吉、新兴
幸 水	新世纪、长十郎、菊水、二宫白、伏翠
新世纪	菊水、幸水、早酥、长十郎、伏翠
新 高	绿宝石、长十郎、茌梨、秋黄、丰水、圆黄
金廿世纪	晚三吉、茌梨、巴梨、蜜梨、鸭梨、雪花梨

2. 人工授粉

梨多数品种自花不孕，即使配置了授粉树，但在生产中由于梨的花期较早，昆虫较少，而又低温频繁。因此，即便是授粉树充足的果园，人工授粉也是非常必要的，梨园除配置好授粉树外，应采用蜜蜂或壁蜂传粉和人工辅助授粉确保产量，提高单果重和果实的整齐度。

（1）采集花粉的品种要与主栽品种杂交亲和性好，开花期比主栽品种早 2~3d。花粉应在初花期（气球状花苞时）采集。

（2）授粉应在开花后 3d 内完成。在全园的花开放约 25% 时，即可开始授粉。以天气晴暖、无风或微风，9 时以后效果较好。选花序基部的第 3~4 朵边花（第 1~2 朵花结的果，易出现槽沟），花要初开，且柱头新鲜。应开一批授一批，每隔 2~3d 再重复进行 1 次。一般情况下，授粉应进行 2~3 次。

（3）授粉可采用放蜂和人工辅助授粉方式进行，时间在主栽品种开花 1~2d 内进行。人工授粉的方法有人工点授、电动喷粉器、液体喷授、鸡毛掸子授粉等方式。

3. 疏花疏果

（1）确定适宜的留果量。在确定适宜负载量的基础上疏花疏果，有利于丰产稳产，达到优质增值的栽培效果。确定适宜负载量要考虑品种、树龄、树势、栽培条件及梨园环境条件。坐果率低的品种、大树、树势强的树、栽培条件好或气候环境较差的果园可适当多留。具体可通过叶果比、枝果比、干截面积等来确定。生产上较为实用的方法是利用干截面积留果数（如库尔勒香梨为 2~4 个/cm^2）计算全树留果数，再用间距法具体留果。

（2）疏花。疏花从花序分离时开始，直到落瓣时结束，宜早不宜迟。如果采取按距离留花法，每花序留 2~3 朵边花。按照确定的负载量选留健壮短果枝上的花序，每 15~25cm 留一花序，开花时再按每一花序留 2~3 朵发育良好的边花，其余花序全部疏除。操作时注意留花序要均匀，且壮枝适当多留、弱枝适当少留。如有晚霜，需在晚霜过后再疏花。

（3）疏果。疏果从落瓣起便可开始，生理落果后定果。时间上早疏比晚疏好，可减少贮藏营养消耗。留果量多采用平均果间距法，一般大果型品种如雪花梨、酥梨等果间距应拉开 30cm 以上；中、小果型品种，果间距可缩至 20cm 左右。按照去劣留优的疏果原则，在留果时，尽可能保留边花结的、果柄粗长、果形细长、萼端紧闭而突出的果。同时，应留大果、端正果、健康果、光洁果和分布均匀的果。一般每序保留 1 个果，花少的年份或旺树可适当留双果，然后疏除多余果。树冠中不同部位留果情况也不相同，一般后部多留，枝梢先端少留，侧生背下果多留，背上果少留。

①疏果的时期。日、韩砂梨疏果时间一般在花后 7d 开始，花后 10d 内疏果结束。绿皮梨如黄金、水晶、早生黄金等必须在花后 10d 套小袋，所以疏果不宜太迟。一般品种梨的疏果，最迟也应在 5 月中旬前结束。不套袋栽培疏果 2 ~ 3 次；套袋栽培疏果仅 2 次。第一次疏果在授粉后 2 周进行，一般 1 个花序留 1 个果。第二次疏果时期在第二次疏果后的 10 ~ 20d，此时套袋栽培即要确定最终目标结果数。

②疏果的方法。有人工疏果和化学疏果两种。如在目前的日、韩砂梨栽培中一般采用人工疏果的方法。人工疏果时，首先疏去病虫、伤残和畸形果，然后再根据果型大小和枝条壮弱决定留果量，每花序留 1 个果。1 个花序花蕾如果全部坐果可达 6 ~ 7 个果，疏果时要疏除基部和顶部幼果，仅留下中部 1 个果。一般以每 25 枚叶片留 1 个果为基准。但也应依品种、树势、修剪方法不同而有所调整。果实直立朝上的，虽然在幼果期生长良好，但在果实膨大期，容易造成果径弯曲，而使果形不端正。因此，应留那些横向生长的幼果。幼期果实向下生长的，也尽量不留；化学疏果方法迅速、省工，但疏果的轻重程度不易掌握。

4. 果实套袋

（1）纸袋选择。梨果袋有塑料袋和纸袋，纸袋又分为自制纸袋和专用标准袋，有单层和双层等类型。一般纸袋大小为 19cm × （14 ~ 16）cm。根据品种不同和果实着色不同，选择抗风、抗病、抗虫、抗水、抗晒、透气性强、具有一定的色调和透光率的优质梨果专用纸袋。

（2）套袋。梨果套袋通常于 5 月下旬至 6 月，即落花后 15 ~ 35d 进行，在疏果后越早越好。若个别品种实施 2 次套袋，应在落花坐果后先套小袋，30d 后再套大袋。套袋前喷 1 ~ 2 次 80% 的代森猛锌可湿性粉剂 600 ~ 800 倍液加 1.8% 阿维菌素乳油 3 000 ~ 5 000倍液。药液干后立即实施套袋。

（3）除袋。着色品种应于采收前 30d 除袋，以保证果实着色。

双层袋先去外层，后去内层（外层袋去后 5d 再去内层袋），其他品种可在果实采收前 15 ~ 20d 除袋，或采收时连同果袋一同摘下，以确保果面洁净，并减少失水。

5. 果实采收

适期采收是保证梨果产品质量的最后一环。确定梨果成熟度主要根据果皮颜色变化、果肉风味和种子颜色。如绿色品种，当果皮绿色逐渐减弱，变成绿白色（如砀山酥梨）或绿黄色（如鸭梨）、有芳香、果梗与果台容易脱离时，便表明果实已经成熟。另外，确定采收期时，还应考虑采收后的用途；当地销售、不需远途运输，可在接近完全成熟期采收；需要运往外地销售时，应该适当提前。用于加压的梨果要根据工艺要求确定采收期，如制作罐头的梨要保持果肉硬度，适宜在接近成熟期采收；加工梨干、梨酒、汁梨时应在充分成熟时采收。

（1）采收的要求。一是采前要喷药。在采收前要喷 1 次高效低毒的杀菌剂，如多菌灵、甲基托布津等，以铲除梨果表面或皮孔内的病原菌，减轻贮存期间的为害。二是要求无伤采收。在采收过程中要求避免一切的机械损伤，如指甲划伤、跌撞伤、碰伤、擦伤、积压伤等，并且要轻拿轻放，保证果柄完整。盛梨果的容器要求用硬质材料，如塑料周转箱或竹筐、柳条筐等，箱或筐的里面要用软的发泡塑料膜或麻布片作内衬，以免在采收过程中碰伤梨果。

（2）采收方法。一般采用人工采收，采收时要求左手紧握果台枝，右手掌心握住果实，食指用力压住果柄上端向上一掀，使果柄与果枝分离，同时，要尽量防止碰落叶片和果枝。采后的梨果品要立即将果柄剪掉，以免果柄划伤其他梨果。采收的顺序是先从外到内，先下后上。采梨宜在晴天进行，采下的果实不要暴晒，应放在通风处晾干。

（3）采后处理。主要是按鲜梨的国家标准、行业标准完成水洗、消毒、单果套保鲜膜、分级、包装等程序。目前较为先进并且常用的贮藏方法有两种，一种是冷风库贮藏，另一种是气调贮藏。在贮藏过程中，要严格控制贮藏期间的病害。梨果目前多用纸箱，每箱重量 15 ~ 20kg，要求轻便、坚固。

第七章　葡　萄

葡萄果实营养丰富，在我国栽植面积非常大，本章对生产上栽培的部分葡萄品种进行了介绍，只有在了解各品种的生物学特性的基础上，才能更好地选择品种，一个好的葡萄品种是栽培上实现丰产、优质、高效的第一步。

葡萄的营养器官包括根、茎、芽、叶、花序、花、卷须、果穗、果实、种子。只有在了解其生长结果习性、对环境条件要求的基础上，生产上才能有针对性地采取各种措施，创造适宜的环境条件，以更好地满足葡萄的生长发育。

葡萄的架式主要分篱架、棚架、柱式架3类，要根据生产需要合理选择适宜的架式，同时，要根据架式、环境、栽培情况进行合理的修剪，葡萄的修剪分夏季修剪和冬季修剪，葡萄新梢年生长量大。所以，夏季修剪比其他果树显得就更为重要。夏季修剪的目的在于调节养分流向，调整生长与结果的关系，改善光照条件，减少病虫危害。夏剪技术主要包括抹芽、摘心、副梢的处理与利用、疏花穗、掐穗尖、除卷须等；冬季修剪主要有疏剪、短截、更新修剪、多年生枝蔓的修剪。各种修剪手法的综合应用是葡萄实现丰产优质的基础。

第一节　葡萄品种

目前，生产上葡萄的栽培品种很多，各品种对不同环境条件的适应性不同，抗病性、丰产性等表现各异。要实现葡萄丰产优质高效，选择一个好的品种是关键。

一、紫皇无核

母本为牛奶，父本为皇家秋天，经有性杂交选育而成的无核新品种，属欧亚种无核葡萄新品系。

该品种幼叶上表面淡紫色，有光泽，绒毛密；成熟叶近圆形、绿色，叶缘略卷缩，叶背绒毛极疏；卷须分布间断；两性花。果穗圆锥形，均重800g，最大1 500g，果粒着生中等紧密，果粒长椭圆形或圆柱形，均重10g，最大14g；果皮紫黑色至蓝黑色，果皮中等厚；果肉硬脆，多汁，果刷长、耐贮运，不裂果、不落果；具牛奶香味，可溶性固形物含量21%～26%，含酸量3.72%。

植株生长势中庸，萌芽率高，副芽萌发力较强，每果枝多为一穗果；在山东4月中旬萌芽，5月下旬开花，8月上旬成熟，从萌芽至成熟需132～138d；成熟一致，无青小粒，抗病性较强，亩产1 500～2 000kg。适合棚架和"V"形架整形，以中长梢修剪为主；该品种丰产性较强，应注意疏花疏果。

二、维多利亚

1996年河北果树研究所从罗马尼亚引入我国。

该品种嫩梢绿色，具稀疏绒毛；新梢半直立，节间绿色。幼叶黄绿色，边缘稍带红晕，具光泽，叶背绒毛稀疏；成龄叶片中等大，黄绿色，叶中厚，近圆形，叶缘稍下卷；锯齿小而钝。1年生成熟枝条黄褐色，节间中等长。两性花。果穗大，圆锥形或圆柱形，平均穗重630g；果粒着生中等紧密，长椭圆形，粒形美观，无裂果，平均果粒重9.5g，最大果粒重15g；果皮黄绿色，果皮中等厚；果肉硬而脆，味甘甜爽口，品质佳，可溶性固形物含量16.0%，含酸量0.37%。

植株生长势中等，结果枝率高，结实力强，每结果枝平均果穗数1.3个，副梢结实力较强。在河北昌黎地区4月中旬萌芽，5月下旬开花，8月上旬果实充分成熟。抗灰霉病能力强，抗霜霉病和白腐病能力中等。果实成熟后不易脱粒，较耐运输。该品种生长势中等，成熟早，宜适当密植，可采用篱架和小棚架栽培，中、短梢修剪。该品种对水肥要求较高，施肥应以腐熟的有机肥为主，采收后及时施肥；栽培中要严格控制负载量，及时疏果粒，促进果粒膨大。

三、京秀

中国科学院北京植物园通过杂交选育而成，亲本为玫瑰香和红无籽露。

果穗圆锥形，重513g，果粒椭圆形，平均粒重6.3g，果皮中厚，充分成熟时呈玫瑰红色或鲜紫红色，肉脆味甜，酸度低，味甜多汁。可溶性固形物含量15%~18%，含酸量为0.46%。

该品种穗粒整齐，形色秀丽，肉脆质佳，枝条成熟好，是优良的极早熟鲜食品种。生长势较强，结果枝率中等，枝条成熟好，抗病能力中等，副梢结实力低，落花轻，坐果好，不裂果，较丰产。果粒着生牢固，不落粒，耐运输，易栽培管理。篱架、棚架均可栽培，适宜中短梢混合修剪。京秀在采取设施栽培的情况下，可在6月成熟供应市场，是当前鲜食、早熟、保护地栽培的优良品种之一。目前，在北京、河北、山东、沈阳、云南等地有栽培。

四、奥古斯特

奥古斯特又称黄金果，属欧亚种，1998年引入我国，生长势壮，极易形成花芽，2次结果能力强。

该品种适应性广，抗病力强，有很强的多次结果能力，早果丰产。果皮绿黄色，充分成熟后金黄色，果皮中厚，果肉硬脆，果实晶莹剔透，果穗大，圆锥形，果粒圆形，平均粒重10g，穗重600g，果实着色一致，品质上佳。该品种早熟，新梢半直立，节间具紫红色条纹。露地栽培在4月10—15日萌芽，5月15日左右开花，7月15—25日成熟，可溶性固形物18%~20%，果粒着生紧密一致，果实颜色为纯金黄色，外观漂亮。是目前市场上黄色果粒葡萄中的上品。果实硬度大，且耐拉力强，不掉粒，耐贮运，商品性极佳。适宜篱架或小棚架栽培，适宜中长梢修剪，每亩定植300株左右。

五、巨峰

欧美杂交种，属中熟类品种，原产日本。1937年大井上康用石原早生（康贝尔大粒芽变）×森田尼杂交育成的四倍体品种。我国1958年引入。东北、华北、华中、华南等地区栽培比较广泛。

该品种树势强旺，萌芽力强，结果枝率高，穗大、粒大。该品种8月成熟，成熟时果皮紫黑色，果肉较软，有肉囊，味甜，汁液较多，果粉多，有草莓香味，皮、肉和种子易分离，可溶性固形物 17%～19%。自然果穗圆锥形，平均穗重 400～600g，最大 1 250g，果粒着生中等紧密，果粒椭圆形，平均果粒重 10g 左右，最大可达 20g，果皮中等厚，紫黑色，果粉中等厚，果刷较短，品质中上等。适应性强，耐贮运，抗病、抗寒性能好，喜肥水。花芽分化良好，落花落果严重。抗病能力强，果实综合性状良好，是目前栽培面积最大的品种。

六、藤稔

欧美杂交种，四倍体，属大果型品种。该品种树势强，新梢和叶片密生灰色茸毛，枝条粗壮。自然果穗圆锥形，平均穗重 450g，果粒着生较紧密。果粒大，整齐，平均粒重 16～20g，近圆形。果皮厚，紫黑色，易与果肉分离。肉质较紧，味甜多汁，有草莓香味，含糖量高，品质中上等。在河北 8 月下旬成熟，裂果少，不脱粒。本品种可用来生产出大果粒，使单粒重达到 20g 左右。可通过控制产量、果穗整理、植物生长调节剂处理等方法达到大果粒。花芽分化好，丰产、稳产性很好。

七、里查马特

又称玫瑰牛奶。属欧亚种。原产前苏联，用可口甘与匹尔干斯基杂交育成。我国于 20 世纪七八十年代从前苏联和日本引入，是二倍体。在我国西北、华北、东北等葡萄产区均有栽培，生长、结果表现较好，自然果穗圆锥形，支穗多，较松散，平均穗重 1 000～1 500g，最大 1 800g；果粒长圆柱形或牛奶头形，平均粒重 12g，最大超过 20g；果皮玫瑰红色，成熟后暗红色；皮薄肉脆，清香味甜，可溶性固形物 10.2%～11%，含酸量 0.57%，肉中有白色维管束，是该品种的特征之一。品质佳，较耐贮藏和运输。在西北干旱地区可溶固形物达 16.5% 上。要求肥水条件较高，树势极旺，第二次结果能力弱，产量中等。

八、夏黑

早熟品种，一般 7 月成熟，欧美杂交种，三倍体品种。由日本山梨县果树试验场由巨峰×二倍体无核白杂交育成，1997 年 8 月获得品种登记，1998 年引入我国。

果穗圆锥形或有歧肩，果穗大，平均穗重 420g 左右，果穗大小整齐，果粒着生紧密。果粒近圆形，自然粒重 3.5g 左右。果肉硬脆，无肉囊，果汁紫红色，可溶性固形物含量 20%，有较浓的草莓香味，无核，品质优良。

九、美人指

欧亚种，是日本植原葡萄研究所于 1984 年用尤尼坤与巴拉底 2 号杂交育成的二倍体。1994 年由江苏省张家港市引入，现已在河北、辽宁地区栽培。

果穗长圆锥形，平均穗重 480g，最大为 1 750g；果粒着生松散，果粒平均重 15g，最大粒重 20g，果粒呈长椭圆形，粒尖部鲜红或紫红色，光亮，基部色泽稍浅，恰如用指甲油染红的美人手指头，故称美人指；果肉甜脆爽口，皮薄而韧，不易裂果，含可溶性固形物 16% ~ 18%，品质佳。果实耐拉力强，不落粒，较耐贮运。

生长势极旺，枝条粗壮，较直立，易徒长。在我国西北、华北和东北的中南部雨量偏少地区发展较好，也是用于绿化和盆栽的优良品种，注意预防白腐病和白粉病。

第二节 葡萄生长、结果习性及环境条件对其生长发育的影响

一、葡萄生长习性

1. 根

葡萄的根系分两种：扦插繁殖的自根苗，其根系有根干（及插条枝段）、侧根和须根（图 7 - 1）；种子播种的实生苗，有主根、侧根和须根。葡萄的根系，除固定植株和吸收水分和无机营养外，还能贮藏营养物质，合成多种氨基酸和激素，对新梢和果实生长及花序的发育有重要作用。

葡萄一般是经扦插繁育而成，没有垂直的主根，由插入地下的一段根干长出侧根，在湿度大的情况下，多年生枝蔓上往往能

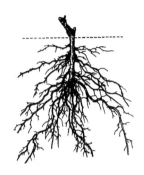

图 7 - 1　自根苗根系

长出气生根。葡萄是深根性树种，根系在土壤中的分布状况随气候、土壤、地下水位、栽培管理等有所不同。葡萄根群分布在距地面 20～80cm 的土层中。

葡萄根系没有休眠期，如果温度合适，可以周年生长。根的生长则需土温达 12℃以上，最适宜根系生长的土温为 25℃左右，根系的开始生长比地上部生长晚 10～15d，根系的生长全年有 2 次高峰，第一次在 6 月下旬至 7 月间达到一年中生长的最高峰；第二次在 9 月中下旬又出现一次较弱的生长高峰。

2. 茎

葡萄为藤本植物，葡萄的茎干通常称为枝蔓。1 株葡萄是由主干、主蔓、侧蔓、新梢、结果母枝、结果枝组成。自地面发出的单一树干称为主干，主干上的分枝称为主蔓。龙干型树形主干、主蔓是一个部位；扇形的有主干和主蔓。在主蔓上着生侧蔓，侧蔓上再着生结果枝组，结果枝组着生 2～3 个结果枝。由结果枝的冬芽抽生出的新枝称为新梢（图 7 - 2），其中带果穗的枝称为结果枝，没有果穗的称发育枝或营养枝。从地面隐芽上发出的新枝称为萌蘖枝。葡萄新梢由节、节间、芽、叶、花序、卷须组成。新梢叶腋中由夏芽发出的 2 次梢称为副梢。葡萄的茎细而长，髓部较大，组织较松软。新梢节部膨大，节上着生叶片和芽眼。叶片对面着生卷须或花序，卷须着生的方式有连续的，也有间断的，可作为识别品种的标志之一。新梢年生长量很大，在花期要进行主梢摘心，以抑制其营养生长，提高坐果率，同时，在生长过程中要不断进行新梢摘心，以抑制其生长，提高冬芽的分化质量。

图 7 - 2　着生花序的新梢

3. 芽

葡萄具有冬芽和夏芽两种。

(1) 冬芽。在正常情况下，冬芽在当年不萌发，经过冬季休眠后，第二年春天继续分化后才萌发。所以，称此芽为冬芽。葡萄的冬芽是由 1 个主芽和 2 ~ 8 个副芽组成，所以又称"芽眼"（图 7 - 3）。春季主芽先萌发，一般情况下副芽不萌发，但由于修剪等原因副芽也能萌发，从 1 个芽眼中长出 2 ~ 3 个新梢，只保留 1 个发育最好的新梢，其余及时去除。

(2) 夏芽。夏芽裸露，无鳞片包被，随新梢生长，当年即萌发成副梢（图 7 - 4）。当对新梢进行摘心后，夏芽受到刺激即可萌发，形成副梢，叫 1 次副梢。对 1 次副梢摘心后，又会形成 2 次副梢，以此类推，1 年可以形成多次副梢。幼树期可利用这一特性，加速成型，扩大架面。在生产上有时可以利用副梢 2 次结果，但副梢上形成的果穗一般较小，成熟期也很晚。

图 7 - 3 冬芽　　　　　图 7 - 4 夏芽萌发

4. 叶

葡萄的叶为单叶互生、掌状，由叶柄、叶片和托叶组成。叶柄支撑着叶片伸向空间；叶片由 5 条主脉与叶柄相连。主脉又分支构成主脉、侧脉、支脉和网脉的叶脉网。按叶片的大小、形状，锯齿的大小和钝锐，缺刻的深浅，叶色的深浅，叶背茸毛的有无、多少，叶色的深浅等，可作为识别品种的依据。

二、葡萄结果习性

葡萄开始结果较早，一般在栽后第二年就开始结果，3~4 年即可获得较高的经济产量。

1. 花序

葡萄是圆锥花序，花序一般着生在结果新梢的 3~8 节上，如果没有花絮就着生卷须，花序的形成与营养条件有关（图 7-5）。

肥水条件好，花序发育完全，花蕾多；肥水条件差，花序发育不完全，花序小，花蕾少。

2. 花

多数葡萄品种的花是两性花，可以自花授粉，正常地受精结实，也有少数品种仅有雌性花或雌雄异株。对雌性花及雌雄异株的种类和品种必须配置两性花或少量雄株作为授粉树进行异花授粉。葡萄中有些品种如无核白有单性结实的习性，不经过受精，子房自动膨大产生果实。葡萄萌芽到开花，需 6~9 周，花期为 6~10d，盛花后 2~7d 开始出现生理落果现象。

3. 卷须

葡萄的卷须和花序是同一起源的器官，在花芽分化过程中，营养充足时卷须逐步分化成花序，营养不足时分化成卷须（图 7-6）。卷须有分叉的和不分叉的，卷须的主要作用是缠绕他物的攀援工具，在栽培中，为了减少养分消耗及减少管理上的困难，应将卷须及时摘除。

图 7-5　花序　　　　　图 7-6　葡萄卷须

4. 果穗

葡萄开花授粉后，子房发育膨大成为浆果，花序成为果穗。果穗由穗梗、穗轴和果粒组成。果穗的大小、形状与品种、产量和管理等有关。为提高葡萄品质，有时要剪除果穗的 1~2 个分枝和穗尖，目的是增大果粒，使果穗整齐一致。

5. 果实

果实形成的初期均为绿色，近成熟时果实因含色素的不同而出现不同的颜色。果皮与果肉的颜色，属品种固有的遗传特性，果实的含糖、含酸量则随着气候、栽培条件和成熟度的改变而变化。葡萄有两个明显的果实发育生长高峰。第一个高峰出现在花后数天，果粒迅速增大，持续 1 个月左右；经过一段缓慢生长后，出现第二个生长高峰，在第二个生长高峰后，浆果开始变软并出现弹性，叶绿素逐渐消失，含酸量逐渐减少，含糖量逐渐增加，种子开始变硬，果穗梗木栓化，直至全部成熟。

6. 种子

葡萄的种子较小，有坚实而厚的种皮，上有蜡质，一粒果实内一般有 1~4 粒种子，多数为 2~3 粒（图 7-7）。葡萄种子可作为育种的材料。

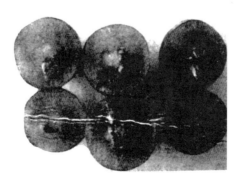

图 7-7　葡萄的种子

三、环境条件对葡萄生长发育的影响

1. 温度

葡萄原产温带，不耐严寒，但如果采取埋土防寒的方法栽植，在我国的适栽范围也很广泛。葡萄不同的物候期对温度的要求不同，欧洲种葡萄萌芽要求平均温度为 2 ~ 10℃。

开花、新梢的生长和花芽分化期的最适温度为 25 ~ 30℃；低于 15℃时，则授粉受精不良，影响产量。葡萄在成熟期(7—9 月)需要的最适温度为 28 ~ 32℃，温度适宜，果实含糖量高，着色好，不易裂果和霉烂。温度低则果实糖少酸多，低于 14℃时成熟缓慢，气温高于 40℃时果实会出现枯缩，甚至干瘪。因此，要注意通过整形、引缚等方式，避免果实直接暴晒，喷水可以防止高温的有害影响。

多数品种的芽能忍受 - 18 ~ - 16℃的低温，枝条在充分成熟后可忍受 - 22℃的低温。一般以冬季 - 17℃的绝对最低气温作为葡萄冬季埋土防寒与不埋土防寒露地越冬的分界线。

欧洲种葡萄根系抵抗低温的能力差，如龙眼、玫瑰香的根系在 - 4℃时即受冻害，在 - 6℃时经 2d 左右即可冻死。所以，北方栽培葡萄时，要特别注意对葡萄根系的越冬保护。

昼夜温差直接影响葡萄的品质，温差大，果实含糖量高、品质好；反之，品质差。

2. 光照

葡萄是典型的喜光树种，光照充足时，叶片厚浓绿，促进新梢加粗，植株生长健壮，花芽分化良好，减少落花落果，增进果实着色，增加糖分积累，产量高，果实品质好。光照不足时，光合作用差，枝条细，节间长，叶薄色淡，花芽分化不良，落花落果严重，果穗小而分散，粒小品质差，着色不良。

不同品种要求光照不一样，一般欧亚品种比美洲品种和欧美杂交品种要求光照条件高；因此，葡萄园应建在风光通透、光照充足的地方。

3. 水分

充足的水分是植株新梢生长、开花、结果和提高产量的重要

因素。葡萄不同发育阶段对水的需求量不同。

早春生长初期对水分要求高，水分不足，会使新梢生长缓慢。开花期水分不宜过多，过多的水分和连续阴雨天，会使新梢生长旺盛，与花争夺养分，容易造成落花落果，也不利于授粉受精。但过于干旱也会引起开花和授粉受精不良，造成落花落果严重。在浆果生长期对水分要求比较高，充足的水分使果实迅速膨大。浆果成熟期水分不宜太多，否则果实品质下降，病害严重。特别是在葡萄生长前期需水量最多的季节，降水量少，必须灌水补充；而在果实成熟季节，应控制水分，水分过多对果实成熟和品质的提高不利。

4. 土壤

葡萄对土壤的要求不太严格，土壤 pH 值 5.8 ~ 8.2 均能栽培葡萄。对土壤的要求范围很宽，无论是盐碱地，还是山丘地、沙荒地、河滩地及砂砾山地，只要对土地条件加以改良，均可以成功地栽培葡萄。最适于葡萄生长的土壤条件是排水良好、通气性强的砂壤土，而含有大量砾石的粗沙土也是葡萄生长的好地方。中壤土和轻壤土对葡萄根系生长发育极为有利，在气候适宜、管理很好的情况下，葡萄生长旺盛，结果多，品质好。黏土地因其透气性差，营养状况不良，根系发育不好，不利于葡萄生长发育，其果实产量低，品质差。

第三节　葡萄整形修剪

一、葡萄主要架式

1. 篱架式

这类架式的架面与地面垂直或略倾斜，葡萄枝叶分布在架面上，好似一道篱笆或篱壁，故称为篱架。篱架在葡萄栽培中应用广泛。其主要类型有单篱架、双篱架和宽顶篱架。

（1）单篱架。架高 1.8 ~ 2m，因整形方式不同，架设 2 ~ 4 道铁丝。每隔 8 ~ 10m 设立 1 根支柱（最好利用水泥、铁管），每道铁丝间的距离为 0.5m，枝蔓和新梢引缚在各层铁丝上（图 7 - 8）。

图7-8 单篱架

其主要优点是作业比较方便，地面辐射强，通风透光较好，利于增进葡萄品质，适于密植，能早期丰产。其缺点是有效架面较小，单位面积产量较低，利用光照不充分，结果部位较低，易受病害侵染。

（2）双篱架。在植株两侧，沿行向建两排有一定间距的单篱架，双篱架的两臂之间相距70～80cm，垂直或略呈"V"形（基部相距50～60cm，顶部相距80～100cm）。植株栽在定植行的中心线上，枝蔓引缚于两侧篱架面上。或者在单篱架立柱上固定3～4根横杆，其长度由下向上递增，在每一横杆的两端沿行向拉铁丝，形成倾斜的双臂。

主要优点是植株形成分离叶幕，有效架面增大，能够容纳较多的新梢和负载量。缺点是通风透光条件较差，对肥水条件和夏季植株管理要求较高，易因产量过高而影响品质等，葡萄园的管理和机械化作业不太方便，另外，需要的架材也较多。

（3）宽顶篱架（"T"形架）。在单篱架支柱的顶部加一根长60～100cm的横杆，两端各拉一道铁丝，支柱的直立部分拉1～2道铁丝，篱架断面呈"T"形。这种架式适合生长势较强的品种及单干双臂水平整形的植株。

2. 棚架

架面较高，与地面倾斜或平行。适于丘陵山地，也是庭院葡萄栽培常用的架式。在冬季防寒用土较多、行距较大的平原地区，也宜采用棚架栽培。优点是土肥水管理可以集中在较小范围，而枝蔓却可以利用较大的空间。在高温多湿地区，高架有利于减轻病害。主要缺点是管理操作比较费事，机械作业比较困难，管理不善时易严重荫蔽，并加重病害发生。在生产中常用的棚架类型有大棚架（图7-9）、小棚架和棚篱架。

（1）大棚架。架长8～10m。架的后部，即近植株处高约1m，架的前部高2～2.5m。大棚架可分为倾斜式、水平式、连叠式和屋

图7-9 大棚架

脊式等。在丘陵坡地多采用倾斜式大棚架,葡萄在梯田上呈带状定植或零散栽植。平地葡萄园采用网式水平棚架的效果好。土肥水管理集中在植株周围约2m的范围内,地上部枝蔓则凭借大棚架充分利用空间,这是大棚架的显著优点。但在平地条件下,因行距过大而不利于充分利用地力和早期丰产。此外,大棚架葡萄植株的前后部生长不易维持均衡,下架和上架不方便,衰弱老蔓更新较难。

(2)小棚架。架长4~7m,适宜多主蔓扇形或龙干形整枝。与大棚架相比,其优点是利于早期丰产,便于棚下作业及合理利用土地,易于枝蔓更新、保持树势和产量的稳定。小棚架既可用于大面积葡萄园,也可用于零散的小块山坡地。

(3)棚篱架。基本结构与小棚架相同,架长4~5m,架的前面有高1.5~1.7m的篱架面,再倾斜向一个方向延伸成棚架面,后架高约2m,行距6~8m。植株同时利用棚面和篱面结果。但篱面下部通风透光较差,易上强下弱。为保持生长均衡,植株主蔓由篱架面转向棚面时务必有一定的倾斜度,避免硬弯。

3. 柱式架

柱式架或单柱架不用铁丝,没有固定的架面,仅仅依靠1根或若干根单个支柱给葡萄枝蔓以支撑,使其能在离地面一定高度的空间内生长结果。单柱架适用于头状整形的植株。在每株葡萄旁边立一根木棍,植株的主干绑缚在木棍上,在主干的上方沿不同方向分布结果枝组。

二、葡萄的主要树形及整形技术

葡萄是多年生的藤本植物，不能单靠修剪成形，必须设立支架，不同的架式可以形成多种多样的树形。在生产中应根据土地条件、栽植密度及品种生物学特征、是否埋土防寒等，选用适宜的树形。现就主要的树形及整形技术介绍如下。

（一）主要树形

1. 篱架多主蔓自然扇形

也叫多主蔓自由扇形，是当前大面积篱架栽培中普遍采用的一种树形。这种树形的主要特点是无主干，直接从地表分生出多个主蔓（4~6个），株距可1~2m。既适用于单臂篱架，也适用于双臂篱架。多个主蔓在架面上呈扇形分布，主蔓上可以不规则地配置侧蔓，也可在主蔓上直接着生枝组。主侧蔓之间保持一定的从属关系。整形过程如下。

定植当年一般能萌发2~4个新梢，冬季修剪时，可留2~3个剪成中、长梢作主蔓，粗壮蔓适当长留，细弱蔓要短留。若植株只长出1个新梢，并生长较旺，可在新梢发出5~6片叶时留4片叶摘心，促使萌发副梢，培养副梢用作主蔓。冬季修剪时，根据副梢的粗细和成熟确定剪留长度，一般剪留长度为40~60cm。第二年春各主蔓萌芽抽梢后，按定梢的要求，每隔25~30cm留一新梢，使其在各主蔓上交错排列。若定植当年所留主蔓不足，可再在适当部位选留并培养主蔓。冬剪时，原有各主蔓上的延长蔓和后补的主蔓都做长梢修剪，其余为结果母蔓，可根据架面空间情况进行长、中、短梢混合修剪。第三年可根据架面情况，适当选留侧蔓或培养枝组，使每个主蔓上有2~3个结果枝组。每个结果枝组有1个结果母枝和1个预备枝。株距大且株间空间多时，扇形两侧主蔓的结果枝可水平绑缚在第一道铁丝上，使枝蔓充分利用架面。

2. 棚架树形

棚架树形有多主蔓自然扇形、少主蔓自然扇形、龙干形等。

（1）多主蔓自然扇形。整形方法与篱架的多主蔓自然扇形基本相同，只是主蔓留得长，而且数量多（一般4～5个），植株上部新梢布满架顶平面而成棚状。根据其有无主干，又可分为有主干多主蔓自然扇形和无主干多主蔓自然扇形。

（2）少主蔓自然扇形。一般有2～3个主蔓，适宜于株距较小的棚架栽培，株距1～2m。定植当年选留1～2个健壮的新梢作主蔓。第二年冬剪时，在选留主蔓延长蔓的同时，再选留1～2个发育良好的成熟新梢作侧蔓，其余均作结果母蔓行中、短梢修剪，以后每年将主蔓先端的新梢留作延长蔓，尽快布满架面。

（3）龙干形。也叫龙杠形。根据所谓主蔓数量不同而分为独龙干、双龙干、三龙干。主蔓即是龙干，也就是架面上留1个主蔓、2个主蔓或3个主蔓。主蔓上不培养侧蔓，直接着生枝组，即在主蔓的两侧每隔25～30cm配置一个短梢枝组，这些枝组称为龙爪。

（二）葡萄的夏季修剪技术

葡萄新梢生长量大，夏季修剪较其他果树更显重要。目的在于调节养分的流向，调整生长与结果的关系，改善通风透光，减少病虫孳生，提高浆果品质和加快幼树成形等。

（1）抹芽。抹去即将萌发多余的芽眼，或新梢展叶2～3片叶时，抹去部分嫩梢，使有限养分集中供应保留的芽眼，早抹比迟抹好（图7－10）。

抹芽一般分两次进行。第一次抹芽是在芽眼未破绽时进行，抹除发育不良的基节芽，瘦弱的尖头芽，对双生芽或三生芽留饱满的主芽，除去副芽，部位不当的不定芽也应抹除。

图7－10　抹芽

抹除的芽占总除芽量的60%～70%；第二次抹芽在第一次抹芽后15d左右进行。第二次抹芽有定梢性质，即决定选留的结果新梢和发育新梢的数量和比例。抹芽要抹去双芽、三芽、畸形芽及距地面40cm以下所有芽，留强不留弱。

（2）摘心。即主梢去顶，于开花前5~6d至始花期进行。目的是提高坐果率及花粉发芽率。开花前的摘心使养分暂时转运于花器部分，以免使新梢不断伸长，与花穗争夺养分而加重落花。这对某些落花重、坐果不良的品种有明显效果，而对自然授粉好，坐果整齐的品种，摘心效果并不显著。因此，可根据品种特性分为不摘心、轻摘心及重摘心3类。主梢第一次摘心时间一般于花前7d进行。凡坐果率高的如黑罕、红加利亚、尼加拉等，花前不摘心；凡坐果率较高的如金后，在花序以上留4~7片叶轻摘心；凡落花重、坐果差的如玫瑰香、巨峰等，花前半月留2~3片叶重摘心，摘心部位达半老叶。对于不同枝质的新梢，摘心也要有所区别。强梢摘心会迅速促进夏芽抽生副梢，仍然大量消耗养分。农谚"葡萄打顶不打杈，收成减一半"，可见摘心与除副梢结合进行才能增效。

（3）副梢处理与利用。包括花前的副梢处理与花后至浆果成熟期的副梢处理。

①花前的副梢处理。花前副梢处理有两种方法（图7-11、图7-12）。一种是主梢摘心的同时把中下部副梢全抹除，只留摘心口的2个副梢；另一种是仅将花穗以下的副梢抹除，保留上部副梢，留2~3叶摘心，以后反复进行。究竟哪种方法好，要从生理营养状况出发，辩证地处理。对于坐果不良的品种如玫瑰香、白玫瑰香等，可采取前控后促的办法，花前副梢宜重抹，节约养分，以利坐果。

上部副梢留两个，每个留两片叶摘心

图7-11 副梢摘心

副梢

图7-12 去副梢

②花后至浆果成熟期的副梢处理。花后副梢轻剪，增加叶面积，有利于积累树体营养。花后副梢经常摘心，可改善架面的通风、日照，减少病虫为害，提高浆果质量。但修剪副梢工作要在浆果着色期停止，以免剪口诱发新的副梢，消耗养分，影响浆果着色和新梢成熟。

（4）疏花穗及掐穗尖。一个葡萄花穗上各部分花器的营养条件不完全一样，以花穗尖端及副穗上花器的营养最差，浆果成熟迟，糖度低，着色差或不能着色成熟。疏除这部分花器就能大大改善花穗的营养状况，提高坐果率，浆果成熟一致和排列紧密。对落花重的巨峰，开花前不必疏花穗，在坐果后能分辨出每穗坐果率高低时再疏穗比较稳妥。因此，疏花穗工作要根据各品种结果系数、花穗大小、落花习性及树体营养条件而定。

对结果系数高、坐果良好的品种如玫瑰露、尼加拉、黑罕等花前疏穗效果好，疏穗工作可与主梢摘心结合进行。对结果系数低，而坐果良好的龙眼、牛奶等品种可不疏穗或不掐穗尖。对落花重、果粒排列易于疏除的品种如白玫瑰香、玫瑰香、新玫瑰等，既要疏花穗，也要掐副梢及穗尖，则效果更为明显。

疏花穗的掌握尺度，一般是弱枝全疏不留穗，中庸结果枝留一穗，强枝留 2 穗。掐穗尖（图7－13）是以手指掐去花序末端，掐去全穗的 1/5 或 1/4。

（5）除卷须。在栽培条件下，葡萄卷须是无用器官，有消耗养分，缠缢果穗、新梢之弊，要结合新梢摘心、绑蔓等及早除去。幼嫩阶段的卷须摘去生长点就行。为使新梢在架面上分布均匀，利于通风透光，避免大风吹折，可在新梢长 40cm 左右时，绑缚于架面上（图7－14）。

图7－13 剪穗尖

图 7 – 14　去卷须

（三）葡萄的冬季修剪

1. 修剪时期

葡萄的冬季修剪，在覆土越冬地区，一般在落叶后 2~3 周到埋土前的 10 月下旬至 11 月中旬进行，这段时间很短，要抓紧进行，以便及时下架防寒；在不覆土越冬地区，可在落叶后 3~4 周至萌芽前的 7~8 周进行冬季修剪。

2. 修剪方法

图 7 – 15　疏剪

（1）疏剪。为了保证在各个主蔓上能按照一定距离配备好结果母枝组，要将不需要的或不能用的枝蔓从基部彻底剪除掉（图 7 – 15）。

（2）短截。冬季修剪时，习惯上把 1 年生的新生枝剪短。把枝蔓剪短留到所需要的长度，长度的确定主要是根据葡萄枝条的粗度和用途，确定短截枝条的保留长度。根据修剪的长度一般分为极短梢修剪、短梢修剪、中梢修剪、长梢修剪、极长梢修剪（图 7 – 16）。粗度在 0.5cm 左右的葡萄枝，留 1 个芽后短截，称为极短梢修剪，适合预备枝采用；短梢修剪留 2~4 芽修剪；中梢修剪留 5~7 芽修剪；长梢修剪留 8 ~ 12 芽修剪；极长梢修剪留 12 个芽以上修剪。

短梢修剪　　　中梢修剪　　　　长梢修剪

（剪留1个芽）　（剪留2 ~ 4个芽）　（剪留5 ~ 7个芽）　（剪留8 ~ 12个芽）

图 7 - 16　葡萄短截修剪的类型

　　一般枝梢成熟好、生长势强的新梢可适当长剪；生长势弱，成熟不好、细的可以短留；枝蔓基部结实力低的品种，宜采用中、长梢修剪；枝蔓稀疏的地方为充分利用空间，可以长留；对于夏季修剪较严格的可以短剪，对放任生长的新梢宜长留。在剪截时，通常要在枝条的节间处下剪，留一段枝做保护桩（通常在芽上 1 ~ 2cm 处剪）。

　　整形的架式不同，结果母枝的修剪方法也不同。篱架的枝蔓多直立或斜生向上，新梢顶端优势明显，为避免结果部位上移，多采用中、短梢修剪，预备蔓和多年生蔓用长梢修剪；棚架枝蔓分布均匀，宜采用长、中、短梢混合修剪，延长蔓用长梢修剪，预备蔓用短梢修剪。

　　（3）更新修剪。对结果部位上移或前移太快的枝蔓要进行缩剪，利用它们基部或附近发生的成熟新梢来代替。更新修剪分单枝更新和双枝更新：单枝更新（图 7 - 17）就是在剪留的一条结果母枝上同时考虑结果和更新，将距主蔓较远的结果枝疏除，选距主蔓较近的成熟枝条留 2 ~ 3 个芽或留 5 ~ 7 个芽短截。第二年将结果后的结果枝再留 2~3 个芽或留 5~7 个芽短截,作为结果母枝。每年如此重复进行。单枝更新有重短截单枝更新和中短截单枝更新两种。双枝更新(图 7-18)的每个结果枝组留 2 个成熟枝条,上部枝适当长留(5~7 个芽),作为下年的结果母枝,下部枝短截(留 2~3 个芽),作为预备枝。第二年将结果后的结果母枝全部疏除,从预备枝上再选留 1 个结果母枝,1 个预备枝。每年反复进行。

 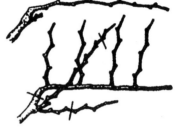

图 7-17 单枝更新   图 7-18 双枝更新

(4)多年生枝蔓的修剪。葡萄多年生枝蔓由于连年结果,很容易造成结果部位外移,下部光秃。在葡萄架面的中下部,选留生长良好的枝条,代替架面上部的枝组,在多年生部位进行短截。这种局部的回缩又称小更新;培养并利用葡萄植株基部的萌生的枝条,代替已经衰老的植株,也可将葡萄植株基部的萌蘖或光秃的老枝蔓压入土中,促使他们萌生根系,培养成新的主蔓以代替衰老的主蔓,使葡萄植株的结果部位降低。这种从基部除去主蔓的更新方法称为大更新。

第四节 葡萄优质高效栽培配套技术

一、土肥水管理

1. 土壤管理

(1)深翻改土。深翻改土一般 1 年进行 2 次,第一次在萌芽前，结合施用催芽肥，全园翻耕，深度15~20cm，既可使土壤疏松，增加土壤氧气含量，又可增加地温，促进发芽；第二次是在秋季，结合秋施基肥，全园深翻，尽可能深一点，即使切断些根系也不要紧，反而会促进更多新根生成。注意这次深翻宜早不宜晚，应当在早霜来临前一个半月完成。

（2）树盘覆盖。可分为地膜覆盖和稻草（或各种作物秸秆、杂草等）覆盖。地膜在萌芽前半个月就要覆盖，最好整行覆盖，可显著改善土壤理化结构，促进发芽，使发芽提早而且整齐。生长期还可减少多种病害的发生，增加田间透光度，并促进早熟及着色，减轻裂果。地面覆稻草，同样可以增加土壤疏松度，防止土壤板结，一举多得，应大力提倡。一般覆草时间在结果后，厚度10~20cm，并用泥土压草，注意有的干旱区要谨防鼠害及火灾发生，若先覆稻草又盖膜，那就更好了。

（3）中耕除草。中耕除草的目的是保持树行内常年土松草净，改善土壤的通气条件，减少土壤水分蒸发，消灭杂草，促进根系的生长发育。一般中耕深度为10cm左右。

2. 施肥

（1）催芽促长肥。一般在发芽前15~20d，追施以氮肥为主、结合少量磷肥，亩施尿素10~15kg或碳酸氢铵20~30kg，过磷酸钙15~30kg。在春旱的地方结合施肥灌足一次水，或用成功1号有机液肥每亩地灌注8~10L。

（2）果实膨大肥。盛花后10d，全园施一次氮、磷、钾全价肥，亩施复合肥25~30kg、硫酸钾或氯化钾10~15kg。若结合稀粪水或腐熟畜水更好，可开浅沟浇施，分2次施入，也可在雨前撒施在根部周围后适当浅垦，使化肥渗入土壤。

（3）着色增糖肥。以钾肥为主，每亩用硫酸钾15~20kg或宝力丰2号1~2kg，可浇施，亦可撒施浅垦。

（4）采果奖励肥。葡萄采摘后，为迅速恢复树势，增加养分积累，应早施基肥。这次以有机肥为主，这对于建园时缺少基肥的果园尤为重要。这次施肥对增加土壤肥力、促进吸收根发生、增加第二年大果穗比例效果很明显，应充分重视。方法如下。

离葡萄主干1m挖一环形沟，深50~60cm、宽30~40cm，将原先备好的各种腐熟有机肥分层混土施入沟内，可结合亩施复合肥 20 ~ 30kg、加惠满丰 1 ~ 2L，有小叶症或缩果病的果园再加施硫酸锌和硼砂各 1kg、腐熟有机肥 30 ~ 100kg。南方地下水位高，可全园撒施，不必开沟，结合深翻 1 次，翻后土块不必打碎，待冬季果树落叶腐烂后再做畦整平。

叶面追肥作为根部追肥的一个重要补充，能起到事半功倍的效果。要灵活运用，针对葡萄生长发育的不同阶段，结合对枝叶及生长势的观察，随时调整追肥种类及浓度，可迅速治疗葡萄缺素症，增加叶绿素含量，提高光合作用能力。一般叶面追肥结合植物生长调节剂混喷，效果更好。

叶面追肥应注意相关事项：晴天宜在晨露干后 10 时前，下午在 16 时后喷施；最好在无大风的阴天，注意尽量喷施在叶背处；喷施雾滴要细，喷布周到；可结合病虫害防治药剂混合喷施。

3. 水分管理

因各地气候条件不同而管理各异。南方葡萄生长期要做好开沟排水，深沟高垄栽培，尽量降低地下水位。梅雨季节过后如遇连续 5d 以上高温，即灌水抗旱；如再连续高温干旱，应视土壤墒情灌水 1 ~ 3 次。一般采用沟灌，必须夜晚灌水，水到畦面，第二天一早将水放掉。浆果着色成熟期不能灌水。

北方干旱区对水分要求更高，一般萌芽前灌足一次催芽水，特别是春季干旱少雨区，须结合施催芽肥灌透水。花期前后 10d 各灌一次透水，浆果膨大期若干旱少雨，可隔 10 ~ 15d 灌一次透水。秋施基肥后如雨量偏少、土壤干燥，可灌一次透水。但灌水应视天气情况及土壤墒情确定，遇大雨要及时排水。另外，有一定条件的果园，最好采用滴灌、喷灌，高效又省水，土壤也不易板结、不易盐碱化，并可结合施肥喷药，效果明显。

二、合理负载与果穗整理

1. 合理负载

单株留果量的确定，对葡萄定产栽培、标准化生产有着重要的意义。留果量确定的难点在于不同品种、不同土壤肥力、不同的管理水平下要有所区别，而且还要兼顾到产量。

　　叶片数与果穗数的比例是确定葡萄合理负载的重要数量指标，叶穗比例适中，则果穗整齐、果粒大、品质高。具体做法：在1m主蔓范围内留5~6个枝，其中，2~3个枝为结果枝，其余枝均为营养枝，不留果穗；结果枝从基部长至6~7片叶时进行掐尖，时间越早越好，因花前的叶大，坐果率和无核率均高；营养枝9~10片叶时进行摘心，平均20~25片叶养1.5个果穗，各类枝上着生的副梢要全部抹除；花穗从穗尖掐去全穗的1/4~1/3，卷须和副梢应尽早抹除。在相同的栽培条件下，产量增加了，不但会使葡萄的成熟期推迟，而且易引起果实着色明显推迟、着色不均匀等。

　　2. 果穗整理

　　果穗整理的目的是根据葡萄生产的具体目标，结合果园的具体情况，充分考虑产量与品质的关系，将每穗葡萄的果粒数控制在一个合适的数量，促使果粒大小均匀、整齐美观、松紧适度，以提高葡萄的商品价格。

　　果穗整理的时期与定穗同时进行，即在葡萄生理落果后及时进行，以减少树体养分消耗。对于落花落果严重的品种可以适当推迟2~3周进行。

　　疏穗时，通常疏除花器发育不好、穗小、穗梗细的劣质花穗，留下花穗大、发育良好的花穗。花芽分化好的花序会有副穗，开花前1周花序开始伸展，即可将所有副穗摘除，减少同化养分的消耗，以利于主穗发育。掐穗尖要视花序的大小而定，如花序发育较小或不完全，可以不掐穗尖；如花序较大则应掐去穗尖。掐穗尖的时间在开花期或花前1~2d，不宜过早，过早会促使留下的花序支轴伸长，同时，增加果穗整形和疏果的难度。掐除全穗的1/6~1/5，掐除过多会影响穗形，造成坐果差，产量低。如花序较好，通过除副穗、掐穗尖后所留下的穗轴上果粒偏多，则应除去基部过多的小穗轴，以减少疏果粒的劳动强度。除去基部过多小穗轴有两个时期，一是花前掐穗尖的同时进行，二是坐果后疏果粒的同时进行。通过果穗整形使果穗形成较整齐的圆形或圆锥形。

三、葡萄套袋、采收与包装

葡萄套袋的作用：可有效降低果实病害的发生，可提高果实外观品质，可降低果实的农药残留，可明显提高果农的经济效益。

（一）合理选择果袋

1. 根据不同品种果穗的大小选用合适的果袋

套袋后如果果穗紧贴果袋，向阳面很容易造成日烧。果穗大的品种需选用大果袋，以保证袋内有足够大的空间；果穗较小的品种应选择较小的果袋，以节约成本。

2. 根据葡萄的生长期选择合适的果袋

果穗生长发育期的长短决定着果穗的选择类型。一般来说，中晚熟品种应选择质量较好的果袋；早熟品种可选用质量一般的果袋。

3. 对日烧病敏感品种的果袋选择

对日烧病敏感的葡萄品种，一是要选择较大的果袋，二是选择黄色果袋（黄色果袋会降低果实的着色）。为降低日烧病的发生，可选用下部全部开口的伞形果袋，这样预防效果将更为显著。

4. 根据当地气候条件选择合适的果袋

在降雨较多的地区，必须要选用防水纸袋；降水量较少的地区，用一般质量的果袋即可。

5. 套袋的方法

套袋前，将有扎丝的一端 5~6cm 浸入水中数秒，使果袋湿润软化，以便于操作。套袋时，用手将纸撑开，使果袋鼓起，将果穗放入果袋内，再将袋口从两侧收缩至果穗轴上，集中于紧靠新梢的穗轴最上部，将扎丝拉向与袋口平行，将袋口扎紧即可。

（二）葡萄的采收与包装

1. 葡萄的采收时期

（1）根据用途适时采收鲜食品种。鲜食品种要根据市场需求决定采收时期。一般市场供应鲜果，果实色泽鲜艳，糖酸比适宜，口感好，即成熟度八成左右即可采收，果实有弹性，耐贮运。酿酒用的品种，由于酿造不同酒种，对原料的糖、酸、pH 值等要求不同，其采收期也不同。

（2）根据果实成熟度适时采收。浆果成熟的标志是糖分大量增加，总酸度相应减少，果皮的芳香物质形成，糖度高、酸度低、芳香味浓和色泽鲜艳，白色品种果皮透明，有弹性。当然，果实成熟品质与外界环境条件有关。

如成熟时遇天气晴朗，昼夜温差大，有色品种色泽更加艳丽，有香味品种香味更浓，含糖量较高酸味减少。相反，采收时阴雨天气，气温较低，果实成熟期延迟，着色不佳，香味不浓，则品质降低。

2. 葡萄的采收与包装

（1）采收。采收工具及物质准备按园内葡萄产量，准备人工、工具、包装材料及运力。并通知合同单位，说明采收和运送时间，以便按计划顺利进行；采收时要选择晴朗无风的天气，待露水干后进行采收；采收时用左手将穗梗拿住，右手剪断穗梗，并剪除坏粒、病粒和青粒。

（2）包装。按穗粒大小、整齐程度、色泽情况、分级装箱；葡萄果实较软怕压怕挤，通常果实包装箱一般以装单层为好，高档水果还要进行单穗包装，根据箱体的大小，每箱固定一定的果穗数量，这样显得比较整齐、档次较高。装箱太紧、太松、多层装箱都不适宜贮藏。如果要长途运输，首先 1kg 或 2kg 装入一个硬质小盒，然后将 20～40 个小盒装入大的硬质运输周转箱。小盒要贴有葡萄品种、重量和产地的标志。

第八章　桃

桃是我国主要的栽培果树之一。原产于我国西部和西北部，栽培历史在 4 000 年以上。桃在我国分布区域广，其中以华北和华东地区栽培较多。其果实不仅外观艳丽，汁多味美，而且营养丰富，除鲜食外，还可制作罐头、果干、果汁、果脯、果酱等多种加工品。深受广大群众喜爱。桃树品种丰富，从 5 月下旬至 12 月均有上市，供应期达半年以上，对调节果品市场和周年供应有积极的作用。桃树结果早、丰产、收益早。但桃树生长和结果年限较短，桃果不耐贮运，我国桃的产量居世界第一，但在生产上存在布局不合理、管理水平低、投入少、单产低、质量差等问题。要调整种类品种布局结构，强化管理，增加科技投入，提升桃树栽培技术水平。

第一节　桃优良品种

一、品种概述

桃在全世界有 3 000 多个品种，中国约有 800 个品种，根据桃的形态、生态和生物学特性，可将桃品种分为北方品种群、南方品种群、黄肉桃品种群、蟠桃品种群和油桃品种群。

现在生产上的主栽品种受果实风味、丰产性、贮运性、栽培面积等诸多因素的影响，目前，建园主要选用果实较大、果形正、外观美和品质优的优良品种。

近几年毛蟠桃、油蟠桃均培育出的一批新品种，如"早露蟠""瑞蟠""仲秋蟠""美国紫蟠"等市场售价高，效益可观。目前仅处于起步阶段，尚没有规模化栽植，加之收获期多处在桃的市场淡季，有较大的发展空间。

20 世纪 80 年代初我国从国外引进的油桃品种，普遍风味偏酸，已不宜再继续发展。在 20 世纪 80 年代后期我国培育的甜油桃品系，改变了风味偏酸的状况，但外观欠佳、易裂果，现已基本不再发展。1995 年以后推出的甜油桃品系，表现出高产、外观美、品质佳等优点，显示出较好的市场前景。

二、优良品种

1. 早花露

早花露由江苏省农业科学院选育出的极早熟水蜜桃。果实中等或较小，平均单果重 80g，最大 107g。果实近圆形，顶部圆而微凹。果皮底色乳黄，顶部密生玫瑰红色细点，有时形成红晕。可溶性固形物 10.5% ~ 12.5%，果肉乳白色，柔软多汁，核软，品质中上等。

2. 早美

果实近圆形，平均单果重 97g，最大果重 168g，果顶圆，缝合线浅，两侧对称，色泽鲜艳，果皮底色黄绿色，果面 50% 至全面着玫瑰红色，绒毛短。果肉白色，硬溶质，黏核，成熟后，柔软多汁，风味甜，花粉多，丰产性好。

3. 雨花露

雨花露由江苏省农业科学院用白花与上海水蜜杂交育成。

果个中大，平均单果重 125g。果实长圆形，果皮底色乳黄，果顶有淡红色细点，形成红晕。果肉乳白色，柔软多汁，味甜而有芳香，半离核，品质中上等。

4. 砂激二号

砂激二号由安徽农业大学园艺系与合肥蜀山园林处用激光处理砂子早生而育成。

结果早，易丰产。果实中大，平均单果重 120g。果实卵圆形，顶部圆而微凹，缝合线浅。果皮乳白色，附面有红晕。果肉乳白色，汁多，味甜，有香气，品质上等。有花粉。

5. 早凤王

早凤王，日本品种。

平均单果重 240g，最大果重 620g，果实近圆形，果皮底色乳白，果面着粉红色片状彩霞或红晕，艳丽美观。果肉较硬，完熟后柔软多汁，味甜，有香气。早果丰产，耐贮运。果大色红，品质好。

6. 新川中岛

新川中岛，日本品种。

平均单果重260g，最大果重450g，果皮底色黄绿，果面光洁，全面鲜红，色彩艳丽，果形圆至椭圆形。果肉黄白色，硬溶质，脆甜，近核处有红丝，甜酸适口，浓香，品质极优。

7. 大久保

大久保，日本品种。

果个大，平均单果重200g，最大500g。果实近圆形，果顶平，中央微凹，缝合线浅。果面绿黄色，阳面有鲜红晕，完熟时易剥离。果肉乳白色，阳面有红色，外形美观。硬溶质，耐贮运，离核，味香甜，品质上等。为目前鲜食与加工兼用品种。

8. 曙光

曙光，早熟黄肉甜油桃。

果实近圆形，平均单果重80~90g，最大果重达120g。果顶平稍凹，两半部较对称。全面着鲜艳红色，有光泽，艳丽美观。果肉黄色，肉质脆，致密，硬溶质。汁多，风味甜，香气浓郁，品质佳。耐贮运。果实6月下旬成熟，果实发育期65d。

9. 中油5号

中油5号是中国农科院郑州果树所强力推出的中油4、5、7号等系列品种中的白肉、纯甜型重点品种。

果实近圆形，果个大，均果重120g，最大180g，着玫瑰红到鲜红色，艳丽美观。果肉白色，硬溶质，耐贮运，浓甜有香气，黏核，极丰产，仅有少量裂果。

10. 千年红

千年红由中国农业科学院郑州果树所选育的最早熟的甜油桃品种，引起了果树界的广泛关注。

果形圆，全面着鲜红色。果形较大，均果重86g，最大125g。果肉黄绿色，脆甜，风味浓，不裂果。该品种适应性好，可在我国南北方发展。

第二节　桃的生物学特性

一、桃的生长习性

桃为落叶小乔木，干性弱，树冠开张，幼树生长旺盛，树冠成形快。开始结果早，定植后第二年就可以结果，在密植情况下，第三年就可以进入盛果期，15 年后进入衰老期。桃寿命较短，少数管理好的果园，20 年后还能维持结果。

（一）根系及其生长

1. 根系分布

桃树为浅根性果树，根系主要分布在 10~40cm 的土层中。水平根较发达，分布范围为冠径的 2~3 倍，大多分布在树冠滴水线内。垂直根分布大多为树高的 1/5~1/3。黏重土在 15~25cm；深厚土在 20~50cm；80cm 以下极少分布。

2. 根的生长

（1）在年周期中没有自然休眠期，只要温度适宜即可生长；当地温达 5℃时开始生长新根，22℃生长最快。

（2）年生长高峰。桃树的根系在每年 5—6 月和 9—10 月有 2 次生长高峰，第一次生长高峰比第二次生长高峰生长期长，生长势强。此时要注意加强土肥水管理。

（二）芽及其特性

1. 芽的类型

桃花芽肥大呈长卵圆形，叶芽瘦小而尖，呈三角形。桃的顶芽都是叶芽，花芽为侧芽。

根据芽的着生状态可分为单芽和复芽（图 8－1）。单芽是一种长在枝条顶端，为单生叶芽；另一种是腋生的单花芽或单叶芽。复芽多为叶、花芽混生。

以二花一叶的三复芽最为普遍。复芽是桃品种的丰产性状。

桃树的花芽为纯花芽。

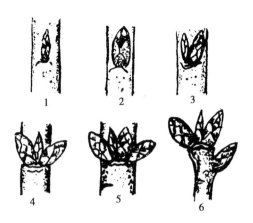

图8-1 桃树花芽和叶芽及其排列
1. 单叶芽；2. 单花芽；3. 双芽；4. 三芽；5. 四芽；6. 短果枝上单芽

2. 芽的特性

（1）早熟性。桃树的芽属于早熟性芽，即当年形成，当年萌发，生长旺的枝条一年可萌发二次枝或三次枝，甚至可抽生四次枝。因此，一方面要合理利用芽的早熟，实现早成形、早结果；另一方面要通过夏剪对分枝次数及时间进行控制，以利通风透光，促使枝条发育充实和花芽分化良好。

（2）萌芽率和成枝力。桃树的萌芽率、成枝力均较强，易造成树体通风透光不良、树冠内膛的枝条细弱。因此，修剪时应注意树冠外围枝的密度。

（3）潜伏力（图8-2）。枝条的基部只有叶痕而无芽称为盲芽。枝条基部两侧着生潜伏芽为休眠芽。桃的潜伏芽少且寿命很短，不易更新，树冠下部枝条易光秃，结果部位上移，修剪时需注意。

（三）枝及其生长

1. 枝的类型（图8-3）

桃树的枝分为结果枝和生长枝，结果枝见图8-4。

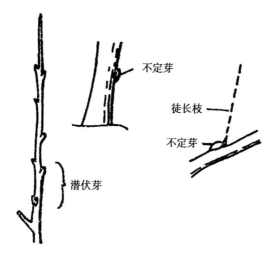

不定芽

徒长枝

不定芽

潜伏芽

图 8 - 2　潜伏芽

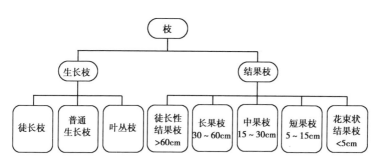

枝

生长枝　　　　　结果枝

徒长枝　普通生长枝　叶丛枝　徒长性结果枝>60cm　长果枝30～60cm　中果枝15～30cm　短果枝5～15cm　花束状结果枝<5cm

图 8 - 3　枝的类型

2. 枝的生长规律

桃树的新梢在一年中生长动态有一定的规律。桃叶芽萌发后，经过一段短期的缓慢生长，随着气温的上升，新梢即进入迅速生长期。但不同类型的枝条生长动态也不相同，一般短果枝在 5 月中旬停止生长，中果枝在 6 月中旬停止生长，长果枝在 7 月下旬停止生长。生长势强旺的新梢，如徒长枝、发育枝、徒长性果枝，停

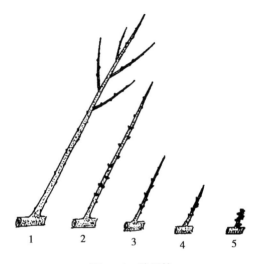

图8-4 结果枝

1. 徒长性果枝；2. 长果枝；3. 中果枝；4. 短果枝；5. 花束状果枝

长较晚，因其在旺盛生长的同时，部分叶腋中的芽当年又萌发成枝，称为二次枝，又称"副梢"。副梢叶腋中的芽如当年再次萌发成枝，则称为三次枝，又称"二次副梢"。就整个树体来说，新梢如能在生长前期迅速生长，形成大量叶片。这不仅有利于当年果实的发育，更可使新梢上的芽发育饱满，多形成花芽，对第二年的产量有良好的影响。

二、结果习性

（一）花芽分化

桃多数品种容易形成花芽，不同品种开始花芽分化的时期不同，但多数品种的花芽分化有两个集中分化期，分别是在6月中旬和8月上旬，这两个时期与新梢的两次缓慢生长相一致。花芽分化开始于新梢缓慢生长期，从生理分化、形态分化到性细胞成熟约需3个月时间。于花芽分化前施氮、磷肥有利于花芽分化。通过夏季修剪控制新梢生长，改善光照条件，也是促进花芽分化的有效措施。

（二）开花坐果

桃大部分为完全花（图 8 - 5），能自花结实。有些桃树品种为雌雄花，即不产生花粉或花粉生活力很低，如深州蜜桃、上海水蜜，近些年大久保也有该现象发生。栽植时注意配置授粉树。有些品种有雌蕊退化现象，原因是树体贮存营养不足或早春低温造成分化不完全。

图 8 - 5　桃花

桃树开花始于平均气温 10℃，最适 12 ~ 14℃，花期一般 7d。从授粉到受精要 7 ~ 15d。大多能自花结实，个别品种需要授粉树，但异花授粉可以提高坐果率。

桃为虫媒花。当花即将开放之前，雌雄蕊即已成熟，部分花药已开裂散出花粉，即可自行授粉，完成受精过程，这种现象成为闭花受精现象。

（三）果实发育

（1）桃的果实发育呈明显的双"S"曲线，果实发育阶段可分为 3 个时期，即幼果迅速生长期、缓慢生长期（硬核期）、果实迅速膨大期。

①幼果迅速生长期，又叫细胞分裂期。主要是果实细胞数目的增多，该期果实体积和重量迅速增加。果核发育很快，仅 60d 左右就达到应有大小。

②缓慢生长期（硬核期）果实体积增长很少或停止，果核木质化，种胚发育，此期的长短与品种有关，早熟品种 2 ~ 3 周，晚熟品种 6 ~ 7 周。

③果实膨大期。此期果实体积和重量迅速增加，以采前 20 ~ 30d 增长最快，以横径生长为主。

（2）北方品种群中，由于单性结实，易形成"桃奴"。深州蜜桃"桃奴"现象很严重，原因可能如下。

①花芽受冻，使授粉不良。

②自花不孕。

③赤霉素作用。（由于无种胚）不能产生赤霉素，使果实发育

受限制。

④授粉受精不良。

三、桃对环境条件的要求

桃树对环境条件要求不太严格，在我国除极热及极冷地区外都有种植，但以冷凉、温和的气候条件生长最佳。故其主要产区是江苏、浙江、河南、河北、陕西等地。

（一）温度

1. 桃树为喜温树种

一般南方品种以 12 ~ 17℃，北方品种以 8 ~ 14℃的年平均温度为适宜。地上部发育的温度为 18 ~ 23℃，新梢生长的适温为 25℃左右。花期 20 ~ 25℃，果实成熟期 25℃左右。桃树在冬季需要一定的低温才能完成自然休眠，实现正常开花结果。桃树的需冷量因品种不同而差异很大，一般在 600 ~ 1 200h。

2. 桃在休眠期对低温的耐受力较强

一般品种在 -25 ~ -22℃时才发生冻害，有些品种甚至能耐 -30℃的低温。但处于不同发育阶段的同一器官，其抵抗低温的能力也不一样。花芽在自然休眠期对低温的抵抗能力最强，萌动后的花蕾在 -6.6 ~ -1.7℃受冻害，花期和幼果期受冻温度分别为 -2 ~ -1℃和 -1.1℃。花期温度过低影响授粉，授粉最适温度为 20 ~ 25℃。

3. 桃的果实成熟以温度高而干旱的气候对提高果实品质有利

（二）水分

桃是耐旱、不耐涝的果树。生长期土壤含水量在 20% ~ 40%时就能正常生长。桃树虽耐旱，但不等于桃树不需要补充水分，生产中要实现高产优质，必须根据桃的需水规律适时浇水。桃不耐涝，桃园内短期积水就会造成黄叶、落叶，甚至死亡。所以，在建园时要选择地下水位低，排水良好的地方。

（三）光照

桃的原产地海拔高，光照强，形成了喜光的特性。桃树对光反应敏感，光照不良，同化作用产物明显减少；光照不足，枝叶徒长而虚弱，花芽分化少，质量差，落花落果严重，果实着色少，果实品质差，树冠下部小枝易枯死，树冠内部易于秃裸。因此，生产上必须合理密植，选择合理树形，正确运用修剪技术，以改善通风透光的条件。

据试验，树内光透过率低于40%时光合产物非常低下。

（四）土壤

桃树较耐干旱，忌湿怕涝。根系好氧性强，适宜于土质疏松，排水通畅，地下水位较低的砂质壤土。黏重土或过于肥沃的土壤易徒长，易患流胶病和颈腐病。在土壤黏重、湿度过大时，由于根的呼吸不畅常造成根死树亡现象。

桃树对土壤的pH值适应性较广，一般微酸或微碱土中都能栽培，pH值在4.5以下和7.5以上时生长不良。盐碱地含盐量超过0.28%桃树生长不良，植株易缺铁失绿，患黄叶病。在黏重的土壤或盐碱地栽培，应选用抗性强的砧木。桃园重茬，常表现为生长衰弱、产量低或生长几年后突然死亡等异常现象，桃树最忌重茬。

第三节　桃树整形修剪技术

一、常见树形

我国桃树目前生产上主要采用3种丰产树形：三主枝自然开心形、主干形、"Y"形等。

（一）自然开心形

三主枝开心形（图8-6）主干高30~50cm，在主干顶端分生临近或错落排列3个主枝，主枝与垂直方向的夹角为45°~60°。是当前露地栽培桃树的主要树形，具有骨架牢固、易于培养、光照条件好、丰产稳产的特点。这种树形适合于株距大于3m，行距大于4m的桃园。树高2.5~3.5m，干高40~60cm。

1. 主枝

3个主枝的方位角各占120°，均匀布局。主枝分布是第一主枝最好朝北，第二主枝朝西南，第三主枝朝东南，切忌第一主枝朝

图 8-6　三主枝自然开心形

南，以免影响光照。如是山坡地，第一主枝选坡下方，第二、第三主枝在坡上方，提高距地面高度，管理方便，光照好。

2. 侧枝

每个主枝上安排 2～3 个侧枝，侧枝与主枝的夹角为 50°～60°，开张角度 60°～80°。第一侧枝距主干 50～60cm。安排在各主枝的同侧，使之呈推磨式排列，第二侧枝距第一侧枝 40～50cm，方位与第一侧枝相对，第三侧枝与第一侧枝方向相同，距第二侧枝 50～60cm。

3. 结果枝组

在主枝与侧枝上着生各种类型的结果枝组。结果枝组在骨干枝上的配置：大型结果枝组着生在主侧枝的两侧、背后和下部；中小枝组在主侧枝的背斜上部补充空间。

整个树体透光均匀，60% 的果实分布在树冠上部和外围，40% 的果实分布在树冠的中下部和内膛。此树形主枝少，侧枝强，骨干枝间距大，光照好，枝组寿命长，修剪量轻，结果面积大，丰产。

（二）主干形

采用纺锤形或细长纺锤形，有中心领导干，在中心干上直接着生大中小型结果枝组，干高 30～50cm，一般结果枝组为 8～10 个，上面的结果枝组比下面的结果枝组长。

纺锤形（图 8-7）适于保护地栽培和露地高密栽培。光照好，树形的维持和控制难度较大，需及时调整上部大型结果枝组与下部结果枝组的生长势，如果控制不好，易于形成上强下弱，造成失败。无花粉、产量低的品种不适合培养成纺锤形。

适于株行距（1.5～2）m × （3～3.5）m 的树。树高 2.5～3.0m，干高 50cm。有中心干，在中心干上均匀排列着生 8～10 个大型结果枝组。大型结果枝组之间的距离是 30cm。主枝角度平均在 70°～80°。大型结果枝组上直接着生小枝组和结果枝。

图 8 - 7 纺锤形　　　　图 8 - 8 "Y"字形

(三)"Y"字形

"Y"字形(图 8 - 8)不需设立支架,在栽植后的第 1～2 年采用拉枝的方法调整主枝的角度与方位。此外,主枝的开张角度为 45°～50°。"Y"字整形一般采用宽行密植,树冠可大可小,适用于不同栽植密度。行距从 3～5m,株距从 0.8～3m 均可采用此法整形。一般株距小于 2m 时,不需配备侧枝,主枝上直接着生结果枝组;株距大于 2m 时,每个主枝上可配置 2～3 个侧枝。这种树形成形快,光照好,结果早,产量高,品质好。

二、常见树形整形技术要点

桃树幼树的整形修剪主要是以整形为主,修剪时夏季修剪与冬季修剪相结合。

(一)三主枝自然开心形

成苗定干高度为 60～70cm,剪口下 20～30cm 处要有 5 个以上饱满芽作整形带。第一年选出三个错落的主枝,任何一个主枝均不要朝向正南。第二年在每个主枝上选出第一侧枝,第三年选出第二侧枝。每年对主枝延长枝剪留长度 40～50cm。为增加分枝级次,生长期可进行两次摘心。生长期用拉枝等方法,开张角度,控制旺长，促进早结果。四年生树在主、侧枝上要培养一些结果枝组和结果枝。为了快长树，早结果，幼树的冬季修剪以轻剪为主。

（二）纺锤形

成苗定干高度 80~90cm，在剪口以下 30cm 内合适的位置培养第一主枝（位于整形带的基部，剪口往下 25~30cm 处），在剪口下第三芽培养第二主枝。用主干上发出的副梢选留第三、第四主枝，各主枝按螺旋状上升排列，相邻主枝间距 10~15cm。第一年冬剪时，所选留主枝尽可能长留，一般留 80~100cm。第二年冬剪时，下部选留的第一、第二、第四主枝不再短截延长枝，上部选留的主枝一般也不进行短截。主枝开张角度 70°~80°。一般 3 年后可完成 10~15 个主枝的选留。

（三）"Y"字形

定植后在距地面 50cm 处选择剪口下 1~2 芽为东西芽进行短截定干，5 月中旬去除苗木接口下萌蘗。6 月上旬除顶端保留东西两个主枝，其余枝生长到 20cm 摘心，留作辅养枝，培养成结果枝组，利用其早期结果。6 月下旬对主枝副梢摘心，促生分枝，增加枝量。8 月上旬将主枝按 45°拉枝开角，调整主枝为东西方位。第二年 3 月除主枝延长枝外，其余辅养枝和结果枝依据成花情况可轻剪或不剪，待果实采收后再作处理调整。

具体做法：疏去主枝背上、背下枝，斜生结果枝按 10~15cm间距留一个，过密的可间疏。主干上保留南北各一个永久辅养枝，占领空间结果，其余辅养枝疏掉。主枝头经结果后下垂的可利用背上芽或枝换头，抬高主枝角度。经过 2 年冬夏修剪树形基本形成。

三、不同年龄树的修剪

按现代桃树生产的特点和要求，一般在盛果期末，甚至更早些时候就要进行更新。因此，生产园桃树的生长发育时期就只有幼树期、初果期和盛果期 3 个时期。

（一）桃树修剪常用技术

桃树修剪常用技术主要有短截、疏枝、长放、回缩。

（二）桃树修剪中应注意的问题

（1）修剪枝条的剪口要平滑，与剪口芽成45°角斜面。从芽的对侧下剪，斜面上方与剪口芽尖相平，斜面最低部分和芽基相平，这样剪口伤面小，容易愈合，芽萌发后生长快。疏枝的剪口，于分枝点处剪去，与干平不留残桩。

（2）在对较大的树枝和树干修剪时，可采用分部作业法。先在离要求锯口上方20cm处，从枝条下方向上锯一切口，深度为枝干粗度的一半，从上方将枝干锯断，留下一条残桩，然后从锯口处锯除残桩，可避免枝干劈裂。

（3）在锯除树木枝干时为防止雨淋或病菌侵入而腐烂，锯口一定要平整，用20%的硫酸铜溶液消毒，最后涂抹上保护剂（保护蜡、调和漆等），起防腐、防干和促进愈合的作用。

（三）桃树幼年时期的整形修剪

幼树整形修剪主要是培养骨干枝，为进入盛果期打好基础。

1. 当年栽植一年生树的修剪

有分枝的可选留三个位置、角度合适的强壮枝作为三大主枝，剪去上部的中心枝。三大主枝的剪留长度一般为30～40cm，注意剪口下留外芽，剪留长度也可根据枝条的强壮而定，强壮枝可留长些，细弱枝可留短些。其他的枝可剪留4～6节作辅养枝。对当年栽植没有分枝的树可距地面70～80cm处选7～9个饱满芽剪留，其中，包括20cm的整形带。

2. 二年生树的修剪

一般从当年抽生枝的2/3或1/2处剪留饱满外芽，同时注意第一侧枝的选留，侧枝的剪留长度要短于主枝，其他枝可剪留4～6节作辅养枝或结果用，有空间的也可剪留2～3节作预备枝，第2年抽生新枝。

3. 三年生树的修剪

仍按上年的修剪方法和顺序进行，所不同的是对第二侧枝的选留和背上徒长枝的处理。对背上的徒长枝有空间的实行重短截，促进第2年抽生新枝，结合夏季摘心形成果枝，没空间的从基部疏除。对其他当年生枝过密的疏除，剩余的枝留4～5节坐果，空间大的枝留 2~3 节修剪作预备枝。

4. 四年生树的修剪

修剪仍按以上方法进行。对过旺的主枝可用副梢代替，用副梢代替主枝时，可从 2~3 节处截留，同时要选留第三侧枝。

进入 4 年的树各骨干枝已形成，果树数量不断增加，重点是对大、中、小型结果枝组的培养，对背上徒长枝过密的疏除，有空间的重短截，剪留长度在 20cm 左右，去直立留斜生，短截后的徒长枝第二年夏季当抽生的新梢长达 30cm 左右时摘心，形成结果枝。经 2~3 年即可培养成大中小型的结果枝组。对当年生长果枝留 4~5 节，中果枝留 2~3 节，短果枝留 1~2 节，花束状果枝少留或不留。

（四）桃树初果期的修剪

初果期一般是栽后第三年至第六年。特点是生长仍很旺盛，树冠继续扩大，结果枝逐渐增多，产量逐年增加。此时的骨干枝已基本选定，主要任务是继续培养骨干枝，最终完成骨干枝的配置与调整，使树体具有合理的骨架结构，为盛果期负载足够的产量提供有利条件；同时，要注重培养结果枝组。

1. 主枝的修剪

选择主枝延长枝，以调整主枝的角度和方向。对主枝延长枝要短截，在延长枝的 50~60cm 处，如有较好的外侧副梢时，可将副梢以上的部分剪除，以副梢做延长枝，再将副梢剪留 1/2。在缺枝部位可将其剪留 20~30cm，培养成较好的结果枝组，其余的发育枝可以从基部疏除。

2. 侧枝的修剪

未完成侧枝配备的必须加强选留，及早完成。已选留的侧枝将其延长枝剪留 1/2，疏去竞争枝，注意控制其长势，使其长势介于主枝和结果枝组之间。尤其上部侧枝延长枝的枝头不能高于或长于主枝延长枝的枝头，始终保持从属关系。

3. 结果枝组的培养

初果期为树体营养生长向果实生长转化的过渡阶段。培养良好的结果枝组是防止盛果期骨干枝秃裸的重要环节。结果枝组按其体积大小和分枝多少，分为大、中和小型结果枝组3种（图8-9）。

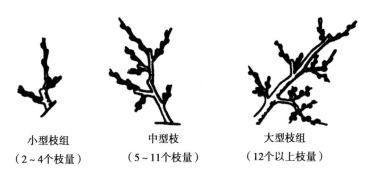

小型枝组　　　　　中型枝　　　　　　大型枝组
（2~4个枝量）　　（5~11个枝量）　　（12个以上枝量）

图8-9　结果枝组类型

　　结果枝组是用发育枝、徒长性结果枝或徒长枝，经过短截促生分枝或长放而形成的。大型结果枝组多选用生长旺盛的枝条，经过短截、疏枝，3~4年即可形成。用一般健壮的枝条通过短截，分生2~4个结果枝即形成小型结果枝组。大、中和小型结果枝组应具有枝组延长枝，并不断改变延伸方向，使枝组弯曲向上生长，抑制上强下弱，防止枝轴过长，下部光秃。

　　结果枝组的配置（图8-10）应大中型枝组交错排列，小型枝组插空选留。随着树冠的扩大，小型枝组结果后逐渐衰弱枯死，大型枝组的延伸可补充小型枝组所占的空间。

　　大型枝组宜多选配在主枝或侧枝的中后部，中小型枝组宜配置在树冠的外围、上部和大型结果枝组的间隙。这样大小参差、高低错落、立体结果。配置时，以不妨碍主侧枝生长、枝组间互不干扰、树冠具有良好的通风透光为原则。

　　4. 结果枝的修剪

　　初结果树的中长果枝比重较大，一般以长果枝结果较好，其剪留长度应保证开花结果良好，并同时能抽生健壮的结果枝。一般长果枝留8~10节花芽，中果枝留6~8节花芽，短果枝留3~4节短截，花束状果枝只疏不截。

　　（五）桃树盛果期的修剪

　　盛果期树的主要任务是维持树势，调节主侧枝生长势的均衡

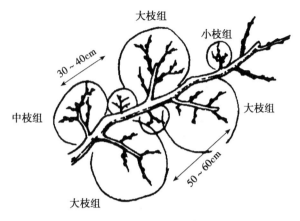

图 8 - 10 结果枝组的配置

和更新枝组，防止早衰和内膛空虚。

1. 主枝的修剪

盛果初期延长枝应以壮枝带头，剪留长度为 30cm 左右，并利用副梢开张角度，减缓树势。盛果后期，生长势减弱，延长枝角度增大，应选用角度小、生长势强的枝条，以抬高角度，增强其生长势，或回缩枝头刺激萌发壮枝。

2. 侧枝的修剪

随着树龄的增长，树冠不断扩大，侧枝伸展空间受到限制，由于结果和光照等原因，下部侧枝衰弱较早。修剪时对下部严重衰弱、几乎失去结果能力的侧枝，可以疏除或回缩成大型枝组。对有空间生长的外侧枝，用壮枝带头。此期仍需调节主、侧枝的主从关系。夏季修剪应注意控制旺枝，疏去密生枝，改善通风透光条件。

3. 结果枝组的修剪

对结果枝组的修剪以培养和更新为主，对细长弱枝组要更新，回缩并疏除基部过弱的小枝组（图 8 - 11），膛内大枝组出现过高或上强下弱时，轻度缩剪，降低高度，以结果枝当头。枝组生长势中庸时，只疏强枝。

侧面和外围生长的大中枝组弱时缩，壮时放，放缩结合，维持结果空间。各种枝组在树上均衡分布。三年生枝组之间的距离应在 20～30cm，四年生枝组距离为 30～50cm，五年生为 50～60cm。调整枝组之间的密度可以通过疏枝、回缩，使之由密变稀，由弱变强，更新轮换。保持各个方位的枝条有良好的光照。总的要求是"错落生长两边分，

图 8－11　小垂枝组回缩更新复壮

均匀摆弄不遮阴，角度方向安排好，从属关系分得清"。

盛果期结果枝的培养和修剪很重要，要下垂枝组回缩更新复壮依据品种的结果习性进行修剪。对大果型但梗洼较深的品种，以及无花粉品种的结果枝的修剪与有花粉和中、长果枝坐果率高的品种的结果枝的修剪要采用不同的培养措施和修剪手法。

（1）大果型但梗洼较深的品种以及无花粉的品种的结果枝的修剪。大果型但梗洼较深的品种以及无花粉的品种，如早凤王、砂子早生、丰白、深州蜜桃、八月脆等品种，以中、短果枝结果为好，因此在冬季修剪时以轻剪为主，先疏去背上的直立枝及过密枝，待坐果后根据坐果情况和枝条稀密再行复剪。对于长放的枝条，还可促发一些中、短果枝，这正是下年的主要结果枝。在夏季修剪中，通过多次摘心，促发短枝。当树势开始转弱时，及时进行回缩，促发壮枝，恢复树势。

（2）有花粉和中、长果枝坐果率高的品种的结果枝的修剪。对于有花粉和中、长果枝坐果率高的品种，可根据结果枝的长短、粗细进行短截。一般长果枝剪留 20～30cm，中果枝 10～20cm，花芽起始节位低的留短些，反之留长些。

要调整好生长与结果的关系，应通过单枝更新和双枝更新（图 8－12）留足预备枝。单枝更新和双枝更新在同一株上应同时应用。一般而言，在幼树宜多采用单枝更新，在树势较弱的树上宜采用双枝更新。

单枝更新：长果枝适当轻剪长放，待先端结果后，枝条下垂，基部芽位抬高并抽生新枝。第二年修剪时缩至新枝处。这种方法适于花芽着生节位高或后部没有预备枝时采用。

图 8 - 12　双枝更新

双枝更新：在二年生小枝组上，选定上下两个枝，上部的长果枝留 7 ~ 8 个花芽，用于结果；下部的枝仅留基部 3 ~ 4 个芽短截，以便抽生健壮的结果枝。第二年修剪时，将上部已结果的枝条剪除，下部的留两个壮枝，再依上述方法修剪。

四、桃树长梢修剪技术及应用

长梢修剪技术是一种以疏枝、回缩和长放为主，基本不使用短截的修剪技术，但对于衰弱的枝条，可进行适度短截。由于基本不短截，修剪后的一年生枝的长度较长，结果枝平均长度一般 50 ~ 60cm。长梢修剪技术具有操作简单、节省修剪用工、树冠内光照好、果实品质优良、利于维持营养生长和生殖生长的平衡、树体容易更新等优点，已得到了广泛的应用，并取得了良好的效果。

（一）疏枝

主要疏除直立或过密的结果枝组和结果枝。对于以长果枝结果为主的品种，疏除徒长枝、过密枝及部分短果枝、花束状果枝；对于以中短果枝结果的品种，则疏除徒长枝部分粗度较大的长果枝及过密枝，中短果枝和花束状果枝要尽量保留。

（二）回缩

对于两年生以上延伸较长的枝组进行回缩。

（三）长放

对于疏除和回缩后余下的结果枝组大部分采用长放的办法，一般不进行短截。

1. 结果枝的长度

（1）以长果枝结果为主的品种，主要保留 30 ~ 50cm 的结果枝，小于 30cm 的结果枝原则上大部分疏除。

（2）以中短果枝结果的无花粉品种和大型果、梗洼深的品种，如八月脆、早凤王等保留 20 ~ 30cm 的果枝及大部分健壮的短果枝和花束状果枝用于结果。另外，保留部分大于 30cm 的结果枝，用于更新和抽生中短果枝，便于翌年结果。

2. 结果枝的留枝量

主枝（侧枝、结果枝组）上每 15 ~ 20cm 保留一个长果枝（30cm 以上）。对于盛果期树，以长果枝结果为主的品种，长果枝（大于 30cm）留枝量控制在 4 000 ~ 5 000/亩，总枝量小于 10 000 个/亩；以中短果枝结果的品种，长果枝（大于 30cm）留枝量控制在小于 2 000 个/亩。总果枝量控制在小于 12 000 个/亩。生长势旺的树留枝量可相对大些；反之，留枝量应小些。另外，如果树体保留的长果枝数量多，总枝量要相应减少。

3. 结果枝的角度

所留长果枝应以斜上、水平和斜下方为主，少留背下枝，尽量不留背上枝。结果枝角度与树势、树龄、品种有关。直立的品种，主要留斜下方或水平枝，树体上部应多留背下枝。对于树势开张的品种主要留斜上枝，树体上部可适当留一些水平枝，树体下部选留少量背上枝。幼龄树，尤其是树势直立的，可适当多留一些水平枝及背下枝。

4. 短截

当树势变弱时，应进行适度短截。并对各级延长头进行短截，以保持其生长势。

5. 结果枝的更新

长梢修剪中结果枝的更新有以下两种方式。中部抽生的更新枝，采用长梢修剪后，果实重量和枝叶能将 1 年生枝压弯、下垂，枝条由顶端优势变成基部背上优势，从基部抽生出健壮的更新枝。冬剪时，对以长果枝结果的品种，将已结果的母枝回缩至基部健壮枝处更新。如果母枝基部没有理想的更新枝，也可以在母枝中部选择合适的新枝进行更新；对以中短果枝结果的品种，则利用中短果枝结果的品种，则利用中短果枝结果。保留适量长果枝仍然长放，多余的疏除。

（1）利用长果枝基部或中部抽生的更新枝。采用上梢修剪后，果实会将一年生枝压弯、下垂，枝条由顶端优势变为基部背上优势，从基部抽生出健壮的更新枝。冬剪时，对以长果枝结果的品种，将已结果的母枝回缩至基部健壮枝处更新。如果母枝基部没有理想的更新枝，也可以在母枝中部选择合适的新枝进行更新。对以中短果枝结果的品种，则利用中短果枝结果，保留适量长果枝仍然长放，多余的疏除。

（2）利用骨干枝上的更新枝。由于长梢修剪树体留枝量少，骨干枝上萌发新枝的能力增强，会抽生出一些新枝。如果在主侧枝上着生结果枝组的附近已出生出更新枝，则可对该结果枝组进行整体更新。

（四）适宜长梢修剪技术的品种

1. 应用于以长果枝结果为主的品种

对于以长果枝结果为主的品种，把骨干枝先端多余的细弱结果枝、强壮的竞争枝和徒长枝疏除，有计划地选用部分健壮或中庸的结果枝缓放或轻剪，结果后以果压势，促进骨干枝中后部枝条健壮生长，达到"前面结果，后面长枝，前不旺，后强壮"的立体结果目的。这样的品种有大久保、雪雨露等。

2. 应用于中、短果枝结果的无花粉品种

大部分无花粉品种在中短果枝上坐果率高，且果个儿大，品质好。先利用长果枝长放，促使其长出中、短果枝，再利用中、短果枝结果。如深州蜜桃、丰白、仓方早生、安农水蜜等品种。

3. 应用于易裂果的品种

在长果枝中上部结果，当果实长大后，便将枝条压弯、下垂，这时果实生长速度缓和，减轻裂果。适宜品种有华光、瑞光3号、丰白等。

4. 应用长梢修剪长放或疏除的原则

（1）枝条保留密度每15~20cm保留一个结果枝，同侧枝条之间距离在40cm以上。如栽培密度为3m×5m或4m×6m的成年树，每株树留长果枝平均在 150~200 个。

（2）保留一年生枝长度保留 40~70cm 长度的枝条较合适。对北方品种群品种，主要以中、短果枝结果，长果枝保留数量应减少，多保留一些中短果枝。

（3）保留的一年生枝在骨干枝上的着生角度对于树势直立品种，以斜生或水平枝为宜。对于开张型品种，主要保留斜上枝。对于幼年树（尤其是直立型的），可适当多留一些水平及背下枝。

（4）结果枝组的更新果实和枝叶重量能使一年生枝弯曲、下垂，并从基部生长出健壮的更新枝，冬剪时，将已结果的母枝回缩到基部健壮枝处更新。如果在骨干枝上结果枝组的附近已长出更新枝，则对该结果枝组进行全部更新，用骨干枝上的更新枝代替结果枝组。

采用长梢修剪时，也应及时进行夏剪，疏除过密枝条和徒长枝。并对内膛多年生枝上长出的新梢进行摘心，实现内膛枝组的更新复壮。同时，长梢修剪之后，同样要疏花疏果，及时调整负载量，这是获得优质果实和枝条更新的前提。

（五）大型果、梗洼深的品种

大果型品种大都具有梗洼深的特点，适宜在中短果枝结果。如在长果枝坐果，应保留长果枝中上部的果实，在生长后期，随着果实的增大，梗洼着生果实部位的枝条弯曲进入梗洼内，不易被顶掉，如中华寿桃等。如果在结果枝基部坐果，果实长大后，由于梗洼较深，着生果实部位的枝条不能弯曲，便被顶掉，或是果个小，易发生皱缩现象。

（六）不宜采用长梢修剪技术的桃树

对于衰弱的树和没有灌溉条件的树不宜采用长梢修剪技术。

五、桃树的夏季修剪

由于桃树的芽具有早熟性，夏季桃树枝叶生长迅速，易造成树冠郁闭，光照不良。过多过旺的嫩枝幼叶生长与开花坐果、花芽分化在营养分配上发生矛盾，表现出花少、果少现象。因此，桃树应以"夏剪为主，冬剪为辅"，这是桃树提高品质，丰产的关键措施之一。

桃树夏季修剪一般可分为4次。

（1）第一次。4月下旬至5月上旬，主要是抹芽除萌。新梢长到5cm时，进行抹芽除萌，抹去无用的芽和新稍，双梢"去一留一"，即一个芽位发出的两个嫩梢，留角度大小合适的嫩梢，去除角度小的嫩梢，去强枝留弱枝，调节主枝和侧枝的延长枝方向和角度。抹除基部的双生芽，留副梢芽，抹掉内膛徒长芽和剪口下竞争芽。缩剪冬剪时留下的过长枝和落果后的空果枝，回缩到坐果的果枝位置上。无果的果枝剪成预备枝。

（2）第二次。5月中下旬到6月上旬，当新梢长到40~50cm时，进行第二次夏剪。目的是调节骨干枝的角度和方向，调节果枝的长短，疏密枝，控制强枝。直立树冠，利用副梢加大开张角度。过分开张的树冠，利用副梢抬高角度。缩剪剪口旺枝，疏密枝，短截长留枝。控制内膛徒长枝（留约5片叶短截），徒长性结果枝留40cm轻摘心。

（3）第三次。7月上中旬，目的是改善光照，控制生长，促进花芽分化和充实花芽，提高果实品质。弱树先剪，强树后剪。花芽分化早的先剪，花芽分化晚的后剪。

结果枝粗度0.5cm以上的剪去全长的1/5~1/4；粗度在0.5cm以下的剪去全长的1/4~1/3，未封顶的短果枝减去1/3~1/2，封顶的短果枝不剪。徒长性枝条密的疏除，有空间的在着生副梢的上中部"挖心"，剪口下第一个副梢不摘心，以下的副梢轻摘心，一般留1~2个副梢。

（4）第四次。8月，主要是控制前几次摘心的长果枝、中果枝所萌发的副梢。这些副梢可以轻摘心1~2次，或进行扭梢，抑制生长充实花芽。各级延长枝摘心，促使枝条充实。

第四节　桃果园管理技术

一、土肥水管理

桃园土肥水管理的任务就在于采取各种措施提高土壤肥力，供给桃树以充足的土壤营养和水分，并在其他农业技术措施配合下，达到早果、丰产、优质的目的。

（一）土壤管理

桃园土壤管理包括深翻改土、行间耕翻、中耕除草、果园覆盖、行间间作等。桃园土壤管理制度主要有清耕法、覆盖法和生草法，其发展方向为生草覆盖。

（二）施肥

1. 桃树的营养特点

（1）氮。桃树对氮反应较敏感，氮素过盛则新梢旺长，氮素不足则叶片黄化。

（2）钾。钾对桃产量及果实大小、色泽、风味等都有显著影响。钾素营养充足，果实个大，果面丰满，着色面积大，色泽鲜艳，风味浓郁；钾素营养不足，则果实个小，色差，味淡。

（3）磷肥。桃对磷肥需要量较小，不足需钾量的 30%，但缺磷会使桃果果面晦暗，肉质松软，味酸，果皮上时有斑点或裂纹出现。

桃树吸收氮、磷、钾的比例大致为 10：4.5：15，每生产 50kg 果实树体吸收氮、磷、钾的数量分别为 125g、50g 和 150～175g。

2. 施肥时期

（1）基肥。基肥是土壤补充供给桃树在今后一年中（或较长时期内）使用的肥料，以迟效性的有机肥为主。桃树基肥适宜施用期是秋季，可于 9—10 月结合桃园深翻施入。

（2）追肥。追肥是在基肥的基础上，对桃树一年中需要养分的几个主要物候期补充供应的肥料，以速效性肥料为主。

根据桃树一年中各物候期的特点，一般认为可安排 3 次追肥。

①萌芽前追肥。以速效性氮肥为主。

②硬核期追肥。以速效性钾、氮肥为主，辅以适量的磷肥。

③采果后追肥。以氮肥为主。

以上 3 次追肥中前两次是必不可少的，如受劳力及肥料的限制，第三次追肥（采后追肥）可以安排与秋季的基肥一并施入。

（3）施肥量。施肥量应根据树势、产量、树龄及树冠大小，结合土壤分析和树体营养分析来确定。

（4）施肥方法。施肥方法直接影响施肥效果，正确的施肥方法是设法将有限的肥料施到桃树吸收根分布最多的地方而又不伤大根，最大限度地发挥肥效。

（三）灌水与排水

桃树对水分需求的特点，一是比较耐旱，二是非常怕涝。

试验证明，当土壤持水量在 20% ～40% 时桃能正常生长，降到 10% ～15% 时枝叶出现萎蔫现象。南方雨量充沛，桃园水分管理的主要任务是降低地下水位，防止土壤长时间过湿和积水，灌水只在旱季进行。

二、花果管理

（一）提高授粉质量

花期喷 0.3% 硼砂或硼酸，以此来提高授粉受精及花和幼果抗御多变天气的能力。对无花粉或花粉量少的品种，要在花期进行人工授粉或释放蜜蜂传粉，以提高坐果率。

（二）疏花与疏果

对自花结实率高的品种，如燕红，应及时疏花疏果，越早越好，对无花粉或白花结实率低的品种，不疏花只疏果。要生产优质商品果就必须进行疏花疏果。目前及今后一定时期内，我国桃树生产上将仍以人工疏花疏果为主。

1. 疏花时间

从花蕾露红开始，直到盛花期（或末花）为止。

2. 疏花与留花的对象

疏花时每节留一个花蕾，其余疏除。不计划留果的枝、预备枝、花束状果枝上的花蕾也全部疏除。

疏掉小蕾、小花，留大蕾、大花；疏掉后开的花，留下先开的花；疏掉畸形花，留正常花；疏掉丛蕾、丛花，留双蕾、双花、单花。

3. 疏果时间

第一、第二次疏果在花后 2 周开始，即幼果直径长到 1cm 时进行。疏果时要先疏除萎黄果、小果、病虫果、畸形果、并生果、枝杈处无生长空间的果；其次是朝天果、附近无叶片的果和形状短圆的果。

4. 疏果顺序

应从树体上部向下，由膛内而外逐枝进行，以免漏疏。

5. 不同类型果枝留果量

徒长性果枝留 4 ~ 5 个果；长果枝留 3 ~ 4 个果；中果枝留 2 ~ 3 个果；短果枝留 1 ~ 2 个果，花丛枝留 0 ~ 1 个果；有果无叶枝（由短果枝误剪而成）留 1 个果；延长枝头（幼树）和叉角之间的果全部疏掉不留。

6. 疏花疏果的方法

有人工疏花疏果、化学疏花疏果和机械疏花疏果三种。

（三）果实增色措施

1. 铺反光膜

晚熟、不易着色品种铺反光膜着色效果显著，但中熟品种如大久保不宜铺反光膜，以防出现大量软果，不宜运输，影响销售。

2. 摘叶转果

摘除遮挡果实的叶片，使果面着色均匀。因费时，生产上只零星采用。

3. 套袋

（1）套袋的主要作用。

①防止梨小食心虫、桃小食心虫、桃蛀螟、炭疽病、褐腐病等对中、晚熟品种果实的危害。

②有效地降低农药残留，生产出合格的绿色果品。

③使果面更干净，着色更均匀，色泽更鲜艳，果实的商品性更好，销售价格更高。

④套袋可以防止果肉中形成红色素，是生产优质罐桃原料的重要措施。

（2）套袋时间。结合疏果，随定果随套袋，直到幼果硬核后期（即生理落果后）进行结束；有桃蛀螟为害的果园要在桃蛀螟产卵盛期前结束。

（3）套袋对象。主要对中熟和晚熟品种，特别是晚熟品种，一般极早熟和早熟品种不套袋。套袋前应周到细致地喷洒一遍杀虫剂和杀菌剂，喷药后 3~5d 完成套袋。纸袋可到市场上采购桃树专用袋或直接到厂家定做。

（4）套袋方法。先小心张开袋口，将果实置于袋的中央，防止幼果与果袋摩擦，影响幼果生长。撕破袋口，穿过果枝，最后用扎丝扎紧袋口。

（5）解袋时间。解袋时间非常关键，过早果实返青，使成熟期推迟；过晚易形成大量软果。所以，鲜食果应在采收前 5~7d 将袋摘掉，以促进上色，日照差的地方或不易上色的品种要适当提早摘袋时间。罐藏桃采前不必撕袋。

（四）采收

桃果实不耐贮运，必须根据运输与销售的距离要适时采收。目前，生产上将桃的成熟度分为以下 4 种。

1. 七成熟

底色绿，果实充分发育。

2. 八成熟

绿色开始减退，呈淡绿色，俗称发白。

3. 九成熟

绿色大部褪尽，呈现品种本身应有的底色，如白、乳白、橙黄等。

4. 十成熟

果实毛茸易脱落，无残留绿色。

一般就近销售在八九成熟时采收，远距离销售于七八成熟时采收。硬肉桃、不溶质桃可适当晚采；而溶质桃，尤其是软溶质桃必须适当早采。加工用桃应根据具体加工要求适时采收。采收桃果，用手掌握全果轻轻掰下，切不可用手指压捏果实。桃果的包装容器一般用纸箱，纸箱的强度要足够大，在码放和运输过程中不能变形。

第九章　杏

杏在我国栽培历史悠久，是我国古老的果树之一，分布极广。长期以来在果树生产中占有相当大的比重，对改善人民生活、增加经济收益和开发山区、沙荒薄地等方面有着重要的作用。杏果实成熟早，正值春夏之交鲜果淡季，对丰富鲜果供应市场有重要作用。杏果实鲜艳美观、汁多味甜、芳香浓郁、营养丰富。除鲜食外，还可制杏干、杏脯、杏酱、杏汁、杏酒及糖水杏罐头等多种加工品。杏仁营养价值极高，是上等的滋补品及食品工业的重要原料。杏树适应性强，抗旱性强，耐瘠薄，结果早，管理容易。在山区、沙荒和丘陵干旱地栽培也能获得好的产量。

第一节　杏优良品种

一、杏主要栽培品种分类

杏的主要栽培品种，按用途可分为以下3类。

1. 鲜食杏类

果实较大，肥厚多汁，甜酸适度，着色鲜艳，主要供鲜食，也可加工用。在华北、西北各地的栽培品种有200个以上。如北京水晶杏、河北大香白杏以及金太阳、凯特杏等。

2. 仁用杏类

果实较小，果肉薄，种仁肥大，味甜或苦，主要采用杏仁，供食用及药用，但有些品种的果肉也可干制。生产上栽植的优良品种有龙王帽、一窝蜂等。

3. 加工用杏类

果肉厚，糖分多，便于干制。有些甜仁品种，可肉、仁兼用。例如，新疆的阿克西米西、克孜尔苦曼提、克孜尔达拉斯等，都是鲜食、制干和取仁的优良品种。

二、食用杏类

1. 串枝红

原产河北省巨鹿县孔家寨村和紫尚庄村。是优良的晚熟加工品种，其果实生长发育期90d左右。该品种果实卵圆形，平均单果重52.5g，最大单果重94.1g。纵径4.33cm，横径4.1cm，侧径4.14cm，果肉稍不对称。果实底色黄，阳面有紫红色，果肉橘黄色，肉质致密，纤维细少，汁少，味甜酸，耐贮运。一般可贮放10d以上。离核、仁苦。该杏结果早，产量高，管理好的栽后3年即可结果，5~6年进入盛果期，一般株产150~200kg，经济寿命可达70~80年。适应性强，抗寒、抗旱、耐瘠薄。色艳味美，是极好的加工品种，可以大面积发展。适栽地区为辽宁、河北、河南、山东、山西、北京、天津、陕西等省、直辖市。

2. 金太阳

果实圆形，平均单果重66.9g，最大90g。果顶平，缝合线浅不明显，两侧对称；果面光亮，底色金黄色，阳面着红晕，外观美丽。果肉橙黄色，味甜微酸可食率95%，离核。肉质鲜嫩，汁液较多，有香气，可溶性固形物13.5%，甜酸爽口，5月下旬成熟，花期耐低温，极丰产。果实耐储运，常温下可放5~7d。

3. 凯特杏

凯特杏系美国品种。果实近圆形，果顶平圆，缝合线浅，两侧对称。果个大，平均重105g，最大果重135g。果皮光滑，底色橘黄色，阳面着红晕，不易剥离。果肉成熟时橙黄色，硬溶质，风味酸甜，有香气，品质上等。果核小，离核，苦仁。

树势强健，干性较强，树姿半开张，萌芽力中等，成枝力强，幼树以中长果枝结果为主，盛果期以短果枝结果为主，2次枝和秋梢花芽质量好，坐果能力强。能白花结实，丰产。

4. 北京水晶杏

是北京海淀区的特产。水晶杏，果实圆形、黄白色，外观宛如水晶，故名水晶杏。该品种色泽鲜艳，晶莹剔透，味道甜美，单果重可达80g，是杏类中的珍品。

5. 河北大香白杏

又名真核香白杏，属鲜食优良品种，果大，平均单果重120g，最大果重180g，果皮薄，底色黄白，阳面着红晕，肉质细腻，汁液充沛，香味浓郁，酸甜适口，含可溶性固形物13.6%，离核，甜仁，品质极佳，果实6月中下旬成熟，较耐贮运。

6. 骆驼黄杏

果实圆形，平均单果重49.5g，最大单果重78.0g；果实缝合线显著、中深，两侧片肉对称，果顶平，微凹；梗洼深广；果皮底色黄绿，阳面着红色。果肉橙黄色，肉质较细软，汁中多，味甜酸；可溶性固形物含量10.6%、含总糖7.1%、总酸1.90%；黏核，种仁甜。果实在商品成熟期采收可存放1周左右。

三、仁用杏类

1. 龙王帽

目前，我国生产上主栽的仁用杏品种中，仅有龙王帽这一个品种为一级，国际上称之为"龙皇大杏仁"。果实扁圆形，平均单果重18g，最大24g，果皮橙色，果肉薄，离核。出核率17.5%，干核重2.3g。出仁率37.6%，干仁平均重0.8~0.84g，仁扁平肥大，呈圆锥形，基部平整，仁皮绵，仁肉乳白色，味香而脆，略有苦味。5~6年生平均株产杏仁3.2kg。白花不结实。

2. 一窝蜂

又名次扁、小龙王帽，河北主栽品种之一。果实卵形，比龙王帽稍鼓，单果重8.5~11.0g，最大15g，果皮棕黄色，成熟时沿缝合线开裂，离核。单核重1.6~1.9g，出核率18.5%~20.5%。仁重0.52~0.62g，出仁率38.2%，仁肉乳白色，味香甜。极丰产，但不抗晚霜。

第二节　杏的生长结果习性

一、生长习性

杏为高大乔木，自然生长可高达 10m 以上，生长在山区、干旱薄地上的杏树高约 3m。结果早，在管理好的条件下，杏的嫁接苗栽后 2～3 年开始结果，实生苗 4～5 年开始结果。寿命长，可达百年以上。经济寿命一般长达 40～50 年，如在较适宜的条件下，盛果期可延续得很久。

1. 根系

杏树的根系发达。其发育及在土壤中的分布，受栽植地的土壤状况、砧木种类、栽植方式等多种因素的影响。在通常情况下主要分布于距地表 20～60cm 深处的土层中，在土层深厚的地方，垂直分布可深达 7m 以上，水平分布常超过冠径的 2 倍，故能耐瘠薄和干旱。但在瘠薄的山地要浅得多。实生杏、山杏砧木分布深，桃砧则浅。播种的坐地苗根系既广又深，移栽苗水平根发达，但缺明显的垂直根。因此，在干旱瘠薄地栽培杏树，采用在砧木坐地苗上嫁接所需品种的栽植方式可提高杏树的抗旱、耐瘠薄能力。杏根和其他果树一样，在 1 年中没有自然休眠期。如环境条件适宜，全年均可生长。春季一般在开花发芽后达到第一次发根、生长高峰，在杏果实发育、新梢生长盛期根系活动转入低潮，果实成熟采收后，出现第二次生根高峰。因此，在果实采收后追肥、浇水，对树体生长和次年结果极为有利。

2. 枝芽特性

杏的芽根据性质可分为叶芽和花芽；按其在枝条上着生位置分为顶芽和侧芽。侧芽着生在叶腋内，所以又叫腋芽。叶芽瘦小，萌发后长出枝条和叶片。花芽萌发后开 1 朵花。顶芽通常是假顶芽，即真正的顶芽在枝条停止生长时脱落由其下部第一个侧芽代替顶芽。侧芽依其每一节上着生芽的数量有单芽和复芽，单芽又有单叶芽和单花芽之分，复芽均为叶芽与花芽并生。生长健壮的树或果枝，复花芽多。杏树芽的萌发力强而成枝力弱。1 年生发育枝除顶部抽生 1~3 个中、长枝外，下部大都可抽生短枝并形成花芽。弱枝通常只有顶芽抽生新枝。发育枝基部的芽往往成为隐芽，一般情况不萌发。隐芽寿命长，有利于更新。

在核果类果树中，杏芽的休眠期最短，解除休眠最早，因而春季萌芽开花要比桃、李等均早。所以，容易受晚霜为害。

杏树的枝条在幼龄时期生长特别旺盛，栽后 5~7 年内，有时新梢年生长量可达 2m 以上。因此，在短时期内可形成较大的树冠，为早果早丰奠定了基础。此外，杏树的枝条生长能力保持年限较长，其更新生长能力也远比其他核果类树种强。

由叶芽萌发后长成的枝条，可分为结果枝和营养枝两种。结果枝，通常按长度又分为长果枝（30cm 以上）、短果枝（15~30cm）、中果枝（5~15cm）和花束状果枝（5cm 以下）4 种。只有一次生长，年生长量小，且停止生长早。对维持树势的作用较小。

营养枝生长量大，生长势强，1 年中具有明显的 2 次生长，其上叶芽多，花芽少，生长期长，前期消耗营养物质多，对其他器官影响较大，主要用于扩大树冠、增加枝量，同时对维持树势和辅养根系方面也有明显作用。杏树幼年期间，树冠中营养枝比例较大，随着年龄增长，各类结果枝比例上升，进入盛果期的杏树，各类结果枝比率约占全树枝类组成的 95%。成年丰产树的营养枝一般在 5% 左右，而短果枝及花束状果枝比率在 80%~85%，间有10% 左右的中长果枝。通过土壤管理、施肥、灌水和整形修剪，可以调节枝类组成。杏的成枝率较小。因此，它的树冠较稀疏，但保留的潜伏芽较多，后期更新能力很强。

二、结果习性

俗话"桃三杏四梨五年"，也就是说，杏实生苗 4 年即可开花结果，杏是结果早的树种。在管理好的条件下，嫁接杏某些品种第二年可形成花芽。

杏的花芽为纯花芽，侧生。在一个枝条上，上部多为单芽，中下部多为复芽。单生花芽坐果率低，复芽是叶芽和花芽并列，中间为叶芽，这种花芽坐果率高而可靠。

杏树以短果枝和花束状果枝结果为主，但寿命短，一般不超过 5~6 年。花为两性花，其构造与桃、李等核果类果树相同。杏花普遍存在雌蕊发育不完全的退化现象，一般表现雌蕊短于雄蕊或彻底退化，这两种花不能正常结果。退化花得多少与品种、长势、果枝类型和管理水平有关。同一品种中树势越强，退化花越少。在不同的果枝类型中，短果枝退化花最少，中果枝次之，长果枝最多。在同一果枝上，不同部位的花，退化花多少也不同。一般果枝中部退化花少，而中上部和基部较多。

退化花得多少还与管理水平有密切关系，施肥浇水可显著减少退化花比例，特别是夏秋干旱会影响花芽分化，使退化花比例明显提高。所以，加强土肥水管理，及时更新复壮修剪，采收后及时追肥，保护叶片完整等，都可减少退化花的比率。

影响杏树开花的因素很多，如温度、地势、品种、树龄、果枝类型，以及花芽在枝条上的部位等。其中，温度是影响杏树开花早晚和花期长短的主要因素。与温度有直接关系的地理位置和地形，与开花也有很大关系。同一品种开花期多为 3 ~ 5d，幼龄树可延长到 7d 以上。杏为虫媒花，原产我国的杏，同一品种白花结实率很低，当开花期遇阴冷天气昆虫活动受阻时，常导致授粉不良。因此，配置足够的授粉树和开花期放蜂或人工辅助授粉是必要的。

杏一般表现为 3 次落花落果高峰。第一次是落花，高峰出现在盛花后 1 周内，集中在第 3 ~ 4d，其原因是花本身发育不完全，不能受精而引起的；第二次是落果，高峰出现在盛花后 8 ~ 20d，集中在盛花后 9 ~ 11d，此时果实正脱萼，子房开始膨大，未膨大的陆续脱落，造成这次落果的主要原因是授粉受精不良；第三次落果高峰出现在盛花后 20 ~ 40d，集中在盛花后 30d 左右，这次落果的原因是营养不良和病虫危害造成。

杏果实为核果，由子房发育而成，包括果皮（外果皮）、果肉（中果皮）、果核（内果皮）、种子等部分。果实从授粉受精到充分成熟，其生长发育过程大致分为 3 个时期：即第一次迅速生长期（核生长、胚乳形成期），第二次缓慢生长期（硬核、胚生长期），第三次迅速生长期（果肉生长成熟、胚充分成熟期）。早、中、晚熟品种果实发育 3 个时期的长短，第一期相近，第二期差别最大，第三期差别较第二期差别小。3 个时期与产量构成的关系：果径生长量以第一期最大，纵径占 64.51% ~ 73.36%，横径占 58.99% ~

69.49%；果实鲜重和干物重则第三期最大，占 43.19% ~ 68.43% 和 63.31% ~ 70.53%。因此，保证果实在第一期和第三期充分发育是提高产量和品质的两个重要时期。

三、杏树对环境条件的要求

(一) 温度

温度是杏树要求最严的环境因素之一，杏树正常发育需有效积温 2 500℃·d 以上。开花、受精、结实的温度均需高于 10℃，生长适宜温度为 20℃左右。一般品种花期冻害的临界温度，蕾期为 -5℃，初花期为 -2.8℃，盛花期为 -2.5℃，落花期为 -2.8℃。幼果期 -1℃ 可以使当年产量受到严重损失。开花期多雨、阴冷或旱风都会妨碍昆虫传粉，造成授粉不良而减产以至绝产。花期和坐果初期的低温（晚霜冻）制约着杏树的发展和产量。所以，应选择抗寒品种，将杏园建在背风向阳、开阔处，避开阴坡、风口处、低洼处，同时，加强栽培管理，增强树势，有利于提高杏树对低温的抵抗能力。

(二) 光照

杏树为喜光的树种，光照充足，生长结果良好，果实着色好，含糖量增加；光照不足则枝条容易徒长，内部短枝落叶早，易枯死，造成树冠内部光秃，结果部位外移，果实着色差，酸度增加，品质下降。光照条件也影响花芽分化的质量。光照充足则花芽发育充分，质量高，完全花比例高；光照不足则花芽分化不良，雌蕊败育花多。栽植过密或放任生长不进行整形修剪的杏树，容易树冠郁蔽和导致光照不足，从而影响果实品质和产量。

(三) 水分

杏树具有很强的抗干旱能力。在年降水量 400 ~ 600mm 的山区，如分配适当，即便不进行灌溉，也能正常生长结果。这是因为杏树的根系发达，分布深广，可以从土壤深层吸收水分。但杏树对水分的反应相当敏感。在水量充沛，分布比较合理的年份，生长健壮，产量高，果实大，花芽分化充实；在干旱年份，特别是在枝条迅速生长和果实膨大期，如果土壤过于干旱，则会削弱树势，落果加重，果实变小，花芽分化减少，以至不能形成花芽，导致大小年或隔年结果的发生。果实成熟期湿度过大，会引起品质下降和裂果。杏树不耐涝，杏园积水 3d 以上就会引起黄叶、落叶，时间再长会引起死根，以至全树死亡；应及时排水、松土。

（四）土壤条件

土壤的要求不严。除积水的涝洼地外，各种类型的土壤均可栽培，甚至在岩石缝中都能生长，但以在中性或微碱性土壤，且土层深厚肥沃，排水良好的沙质壤土中生长结果最好。杏树的耐盐力较苹果、桃等强。在总含盐量为 0.1%~0.2% 的土壤中可以生长良好，超过 0.24% 便会发生伤害。杏树在丘陵、山地、平原、河滩地都能适应；在华北地区，海拔 400m 左右的高山也能正常生长。但立地条件不同，树体生长发育状况、果实产量和品质有所差别。

第三节　杏树整形修剪技术

一、适宜树形

1. 自然圆头形

其特点无明显的中心领导干，5~6 个主枝，中央枝向上延伸，其余主枝错落着生并向斜上方延伸。每个主枝上着生 3~4 个侧枝，主、侧枝上着生结果枝组。自然圆头形除中心主枝外，其他主枝基部与树干的夹角 45°~50°，主干高度为 80cm 左右。

这种树形修剪小，有利于早期丰产，但后期主侧枝之间易相互重叠，造成内部枝组因光照不好而枯死，结果部位外移。所以，生产中在前期一般采用这种树形，后期则改造成开心形或延迟开心形。

2. 自然开心形

其特点是没有中心领导干，树干矮，主干高度 50~60cm，全树均匀排列着 3~4 个主枝，每个主枝上着生 2~3 个侧枝，主枝基角 60°~65°，在主侧枝上着生枝组。

自然开心形树体较小，通风透光好，果实质量高，树体成形快，结果早，适于密植。缺点是整形要花费较大人力物力，幼树要拉枝，盛果期后主枝容易下垂，管理不便，寿命短。

3. 延迟开心形

延迟开心形是一种改良树形，没有明显的层次，有 5~6 个主枝均匀配置在 70~80cm 高的主干上，最上一个主枝保持斜生。待树冠成形后，将中心干上最上部一个主枝去掉，呈开心形，这种树形介于诸树形之间，造形容易，树体中等，结果早，适宜密植。

二、不同年龄时期的修剪

杏树修剪应掌握疏密间旺，缓放斜生，轻度短截，增加枝量的原则。杏树以短果枝和花束状果枝结果为主，修剪时应着重培养。

1. 幼树修剪

杏进入盛果期后主枝易下垂，同时，在接近地面的地方易受晚霜危害。所以定干要高些，一般掌握在 1m 左右。定干后，在整形带内选留 5~6 个错落着生的主枝，除最上一个主枝向上延伸外，其余向外围延伸。当主枝长达 50~60cm 时进行摘心，促生分枝培养侧枝，当侧枝长到 30~40cm 时对侧枝进行摘心。冬剪时对主、侧枝延长枝进行短截。以剪去 1/3~2/5 为宜。

由于杏成枝力弱，所以其他枝条要尽量保留，以抚养树体，提早结果。但应注意主从关系，一般对辅养枝于夏季长到 30cm 时摘心，培养成结果枝组。冬季对一些强旺的辅养枝拉平长放，促使发生小枝，成花结果，待结果后回缩成结果枝组。对幼树上的结果枝，一般均应保留。长果枝坐果率低，可进行短截，促其分枝培养结果枝组。中短果枝可隔年短截，既保证产量，又可延长其寿命，不致使结果部位外移。花束状果枝不动。

2. 结果期树的修剪

进入盛果期后，树冠容易郁闭，可采用回缩和疏除的办法清理过密枝，同时，要着手对树形的改造。根据树体的具体情况改造成开心形或延迟开心形。

盛果期树修剪的目的在于调整生长和结果的关系，平衡树势，防止大小年的发生，延长盛果期年限，实现高产稳产。盛果期杏树修剪的主要内容为延长枝的短截、各类结果枝的短截和疏间、枝组的更新。

盛果期杏树年生长量显著减少，新的结果部位很少增加，为了每年都有新枝发出，补充因内部果枝枯死而减少的结果部位，稳定产量，要对主侧枝的延长枝进行较重短截。一般树冠外围的延长枝以剪去 1/3 ~ 1/2 为宜。

盛果期杏树花束状果枝和短果枝大量增加，很容易导致大小年现象。在修剪时应适当疏除一部分花束状果枝；对其余各类果枝进行短截去除一部分花芽。

结果枝组的更新对于盛果期杏树高产稳产具有重要作用。而实行不同程度的回缩是维持各类枝组生命力的有效措施。枝组衰弱后要在后部的分枝处回缩，以复壮其长势。对于由于结果而造成的水平枝和下垂枝，要在背上的分枝处回缩，以抬高其角度。

3. 衰老树的修剪

衰老期修剪的主要内容是骨干枝的重回缩和利用徒长枝培养枝组。

第四节 杏的果园管理技术

一、花果管理

（一）影响杏坐果的主要原因

杏坐果率低，经常出现满树花半树果，甚至无果现象。影响杏坐果的主要原因：一是杏树开花早花和幼果易受晚霜为害；二是不完全花比例高，完不成授粉受精过程；三是管理水平差，造成树体营养不良，营养物质积累少，花芽质量差。

（二）保花保果技术

常用的方法如下。

（1）配置授粉树并在花期放蜂。

（2）人工授粉效果很好，尤其是冬季温暖的年份，更应进行人工授粉，以提高坐果率，确保丰产。

（3）花期喷水，于盛花期喷清水，使柱头保持湿润，可显著提高坐果率，也可在水中加入 0.1% 的硼砂和 0.1% 的尿素。

（4）应用植物生长调节剂保果，盛花期喷 20mg/kg 赤霉素，可提高当年坐果率。4 月底喷 300 倍液 15% 多效唑可控制旺长，减少落果。10 月中旬喷 50mg/kg，可提高第二年坐果率。

（三）疏花疏果技术

杏树不完全花比例高，一般不疏花，而采取疏果来控制产量。疏果在落花半个月，即第一次生理落果稳定后进行（此时幼果直径为 1.0 ~ 1.5cm）。疏果时先疏除病虫果、畸形果和小型果，摘除过密果，使留下的果均匀分布在树上，强旺树多留，弱树少留。掌握在每 5 ~ 10cm 枝梢留 1 个果的密度，每亩产量控制为 2 000kg 左右。

二、预防晚霜危害

1. 早春浇水和树盘覆盖

早春解冻后浇 2 次水，间隔 7 ~ 10d，浇水后用麦秸、玉米秸覆盖，以推迟地温上升，可推迟花期。

2. 喷稀盐水和石灰水

花前 1 个月和花芽萌动前喷 0.1% ~ 0.3% 的食盐水，可增强树体抗冻能力，减少花期冻害。在花芽微露白时喷 5% ~ 8% 的石灰水反射光照，减少对热能的吸收，降低花芽附近温度，可推迟花期。

3. 树干涂白

用水、生石灰、石硫合剂、食盐和少量植物油制成涂白剂，将树干和大枝涂白，既可推迟花期，又可杀死害虫。

4. 熏烟防霜

花期注意收听天气预报，如有霜冻来临的夜晚，每亩地堆麦秸、杂草点燃熏烟，防止霜冻。

5. 选用花期较迟或耐低温的品种

6. 加强土肥水管理

并保护叶片，以提高树体的营养水平，增强抗低温的能力。

三、土肥水管理

杏树不完全花比例高，良好的土肥水管理可以减少退化花的比例，提高产量，增进品质，增强树势。

（一）土壤改良

因杏园多建在山地或丘陵地，土层薄，影响根系生长。因此，在生产上，隔几年就要对杏树进行扩穴深翻，改良土壤，使土层厚度逐渐达到80cm以上。深翻多在秋季结合施肥进行。

（二）施肥

1. 幼树（1~2年生）施肥

第一年采取薄肥勤施的原则；以迅速扩大树冠。并形成一定的花芽。第二年4月中旬、6月下旬各追肥1次，追肥以速效复合肥为主，每株施150g。9月下旬至10月，秋施基肥（猪、鸡粪）。

2. 盛果期施肥

进入4月上旬，花前喷药防治虫害，每株树追果树专用肥2kg。方法：绕树冠投影下挖40cm的坑6个，放入肥料埋土、浇水。5月中耕除草。6月中旬果实膨大期，中耕除草，并追果树专用肥2kg。方法同上，避开上次追肥的坑，后浇水，喷药防止蚜虫发生。进入伏天看墒浇水。10月，秋施基肥，以猪、鸡粪最好，其他农家肥也可。方法：绕树四周距主干67cm外，挖放射影沟6~8条，深度靠树近处30cm，往外逐渐加到50cm至树冠投影处施入肥料；然后覆土，看墒浇水，落叶后清扫杏园，防治病害。坚持秋施基肥，每株按100kg施入，以腐熟的猪、鸡肥和人粪尿为主。每年春、秋各施1次氮、磷、钾复合肥料，每株1.5kg，对提高花芽质量有明显效果。施后及时灌水。

叶面喷肥结合喷药进行，每年5次左右。特别强调秋季落叶前和早春树液流动后、萌芽前必须各喷1次，后者全树枝干进行喷淋。前期喷施0.3%尿素，后期喷施0.5%磷酸二氢钾。

（三）灌水和排水

杏树在少雨地区和干旱季节应加强灌水。第一次在萌芽前结合施春肥灌水，可保证开花和坐果及新梢生长的需要，此次灌水量较大。第二次在硬核期（谢花后 1 个月左右）灌水，此时需水量较大，再加上有春旱现象，故应注意浇水。第三次是在采果后结合施肥一并进行，以利于枝叶生长和花芽分化。此外，在 4—8 月用作物秸秆和杂草覆盖树盘和行间，有利于保持水分，增加土壤肥力。杏树不耐涝，应注意雨季排水，尤其是 7—8 月花芽分化期更应及时排水，保持适当干旱，有利于花芽分化。

第十章 大樱桃

大樱桃原产于欧洲，在我国已有 100 余年的栽培历史。大樱桃果实营养丰富，色泽艳丽，风味独特鲜美，是商品价值极高的鲜食果品。近年来，随着市场经济的发展和果树品种结构的调整，种植大樱桃已成为农民致富快、收益高的生产经营项目。通过学习本章内容，充分了解大樱桃的生物学特性，熟练掌握大樱桃优质高效栽培技术，增强致富本领，同时，为促进樱桃发展和新农村建设做出自己应有的贡献。

第一节 樱桃品种的识别

一、主要种类

樱桃为蔷薇科、樱桃属植物，本属植物种类甚多，分布在我国的约 16 个种，主要栽培的有 4 个种。

1. 中国樱桃

灌木或小乔木，树高 4~5m。叶片小，叶缘齿尖锐，花白色稍带红色，总状花序，2~7 朵簇生，果实多为鲜红色，皮薄，果小，重 1g 左右，果肉多汁，肉质松，不耐贮运，中国樱桃品种众多，我国各地广泛栽培。

2. 欧洲甜樱桃

又称甜樱桃、西洋樱桃、大樱桃。乔木，株高 8~10m，生长势旺盛，枝干直立，极性强，树皮暗灰色有光泽；叶片大而厚，黄绿或深绿色，先端渐尖；叶柄较长，暗红色，有 1~3 个红色圆形蜜腺；叶缘锯齿圆钝。花白色，总状花序，2~5 朵簇生。果实大，单果重 5~10g，色泽艳丽，风味佳，肉质较硬，贮运性较好，以鲜食为主，也适宜加工，经济价值高，是世界各地及我国已栽培并正在大量发展的一个品种。

3. 酸樱桃

本种原产于欧洲东南部和亚洲西部。灌木或小乔木，树势强健，树冠直立或开张，易生根蘖。枝干灰褐色，枝条细长而密生。叶小而厚，叶质硬，具细齿，叶柄长。果实中等大，少数品种果实较大。果实红色或紫红色，果皮与果肉易分离，味酸，适宜加工，还可提取天然色素。耐寒性强，结果早，我国栽培量不大。

4. 毛樱桃

别名山樱桃、梅桃、山豆子。原产我国，落叶灌木，一般株高 2~3m，冠径 3~3.5m，直立、开张均匀，为多枝干形，干径可达 7cm，单枝寿命 5~15 年。叶芽着生枝条顶端及叶腋间，花芽为纯花芽，与叶芽复生，萌芽率高，成枝力中等，隐芽寿命长。花芽量大，先花后叶，白色至淡粉红色，萼片红色，坐果率高，花期 4 月初。果实 5 月下旬至 6 月初成熟，果梗短。核果圆或长圆，鲜红或乳白，果皮上有短茸毛，味甜滋。抗寒、丰产性好。生产上常作育种原始材料。

二、主要品种

1. 红灯

是大果、早熟、红色的甜樱桃品种，树势强健，枝条直立、粗壮，树冠不开张。叶片特大、较宽、椭圆形，叶柄较软，新梢上的叶片呈下垂状，叶片深绿色，质厚，有光泽，基部有 2~3 个紫红色肾形大蜜腺。芽萌发率高，成枝力较强，直立枝发枝少，斜生枝发枝多。果实大，果梗短粗，果皮深红色，充分成熟后为紫红色，富光泽，果实呈肾形，肉质较硬，酸甜可口，半黏核。成熟期 5 月下旬至 6 月上旬，较耐贮运。适宜授粉品种有那翁、大紫、巨红、红蜜、滨库、佳红等。

2. 那翁

又名黄樱桃、黄洋樱桃，为原产欧洲甜樱桃品种，属于中晚熟黄色优良品种。树势强健，树冠大，枝条生长较直立，结果后长势中庸，树冠半开张。叶形大，椭圆形至卵圆形，叶面较粗糙。

萌芽率高，成枝力中等，枝条节间短，花束状结果枝多，可连续结果 20 年，果实中等大小，果形心脏形或长心脏形，果顶尖圆或近圆，缝合线不明显，有时微有浅凹，果形整齐。果梗长，与果实不宜分离，落果轻。果皮乳黄色，阳面有红晕，偶尔有大小不一的深红色斑点，富有光泽，果皮较厚，不易离皮。果肉浅米黄色，肉质脆硬，汁多，甜酸可口，品质上等。果核中大，离核，鲜食、加工兼用。6 月上中旬成熟，自花授粉结实力低，栽培上需配植授粉品种。适应性强，在山丘地、砾质壤土和砂壤土栽培，生长结果良好，花期耐寒性弱，果实成熟期遇雨较易裂果，降低品质。

3. 佐藤锦

日本培育的甜樱桃品种，树势强健、直立，树冠接近自然圆头形。果实中等大小，短心脏形；果面淡黄色，有鲜红色红晕，光泽美丽；果肉白色，脆硬，核小肉厚，酸味少，甜酸适度，品质极佳，6 月成熟。本品种适应性强，丰产性好，较耐贮运，为鲜食大樱桃中上乘品种。

4. 大紫

又名大红袍、大红樱桃。原产俄罗斯。树势强健，幼树期枝条较直立，结果后开张。萌芽率高，成枝力强，枝条较细长，不紧凑，树冠大，结果早。叶片特大，呈长卵圆形，叶表有皱纹，深绿色。果实较大，心脏形至宽心脏形，果顶微下凹或几乎平圆，缝合线较明显，果梗中长而细，果皮初熟时为浅红色，成熟后为紫红色，有光泽，果皮较薄，易剥离，不易裂果。果肉浅红色至红色，质地软，汁多，味甜，果核大。果实发育期 40d，5 月下旬至 6 月上旬成熟，成熟期不一致，可分批采收。果实柔软，不耐贮运。

5. 拉宾斯

加拿大品种，甜樱桃品种。树势健壮，树姿较直立。花粉量大，能白花授粉结实，也宜作其他品种的授粉树。果实为大果型，深红色，充分成熟时为紫红色、有光泽、美观；果皮厚韧；果肉肥厚、脆硬，果汁多，风味佳，品质上等。早实性和丰产性很突出，耐寒，6 月中下旬成熟。

第二节 观察樱桃生长结果习性

一、生长习性

1. 根系

樱桃主根不发达，主要由侧根向斜侧方向伸展，一般根系较浅，须根较多。不同种类有一定差别，中国樱桃根系较浅，主要分布在 5～30cm 深的土层中，但水平伸展的范围广，是树冠冠径的 2.5 倍；毛樱桃和山樱桃的根系比较发达，主根粗，细长根多，分布深，固地性强，适应性强。播种繁殖的砧木，垂直根比较发达，根系分布较深。用压条等方法繁殖的无性系砧木，一般垂直根不发达，水平根发育强健，须根多，固地性强，在土壤中分布比较浅。

土壤条件和管理水平对根系的生长也有明显的影响。砂质土壤，透气性好，土层深厚，管理水平高时，樱桃根量大，分布广，为丰产稳产打下基础；相反，如果土壤黏重，透气性差，土壤瘠薄，管理水平差时，根系则不发达，也影响地上部分的生长和结果。嫁接的中国樱桃、酸樱桃和毛樱桃树根系易发生根蘖苗，实际上这也是嫁接亲和力较差的表现，可做砧木或者更新换冠。

2. 芽

樱桃分叶芽和花芽两类。枝的顶芽均为叶芽，腋芽单生，只有生长健壮的欧洲酸樱桃有少量复芽。一般幼树或成龄树旺枝上的侧芽多为叶芽。成龄树上生长势中庸或偏弱枝上的侧芽多数为花芽。结果枝上的花芽通常在果枝的中下部，花束枝除中央是叶芽外，四周均为花芽。

1 个花芽内簇生 2～7 朵花，花芽内花朵的多少与其着生的部位有关，在树冠上部或外围枝条上花芽内的花朵多。樱桃的侧芽都是单芽，即每个叶腋间只形成 1 个叶芽或花芽。因此，在修剪时必须认清叶芽和花芽，短截部位的剪口芽必须留在叶芽上，才能保持生长力。若剪口留在花芽上，一方面果实附近无叶片提供养分，影响果实发育，品质差；另一方面该枝结果后便枯死，形成枯枝。樱桃侧芽的萌发力很强，1年生枝上的叶芽多数都能萌发，只有基部极少数侧芽有时不萌发而转变成潜伏芽（隐芽）。即使是直立的枝条其侧芽也都能萌发，这个特点有利于樱桃的修剪管理，容易达到立体结果。

樱桃潜伏芽大多是在枝条基部的副芽和少数没有萌发的侧芽转变而来。副芽着生在枝条基部的两侧，形体很小，通常不萌发，只有在受刺激时，如重回缩或机械损伤，伤口附近副芽即萌发抽出新枝。

3. 枝

樱桃树的枝根据生长习性和结果特点，可以分为营养枝和结果枝（图10-1）。

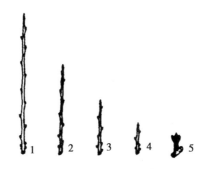

图 10-1 樱桃树枝条

1. 营养枝；2. 长果枝；3. 中果枝；4. 短果枝；5. 花束状果枝

（1）营养枝。又称发育枝或生长枝，幼龄树和生长旺盛的树一般都形成发育枝，叶芽萌发后抽枝展叶，是形成骨干枝，扩大树冠的基础。其顶芽和侧芽都是叶芽，进入盛果期或树势较弱的树，其营养枝基部部分侧芽变成花芽，此时，营养枝即是营养枝又是结果枝，称为混合枝。

（2）结果枝。枝条上有花芽、能开花结果的枝条称结果枝，按其长短和特性可分为混合枝、长果枝、中果枝、短果枝、花束状果枝。

①混合枝。由营养枝转化而来，一般长度为20cm以上，仅枝条基部有花芽。该果枝上的花芽质量差，坐果率低，果实成熟相

对较晚。

②长果枝。长度为 15～20cm。除顶芽及其邻近几个腋芽外，其余腋芽均为花芽。结果后中下部光秃，只有顶部几个芽继续抽生出长度不同的果枝。初期结果的树上，这类果枝占有一定的比例，进入盛果期后，长果枝比例减少。

③中果枝。长度为 5～15cm。除顶芽为叶芽外，侧芽全部为花芽。一般分布在 2 年生枝的中上部，数量不多，也不是主要的果枝类型。

④短果枝。长度为 5cm 以下。除顶芽为叶芽外，其余芽全部为花芽。通常分布在 2 年生枝中下部，或 3 年生枝条的上部，数量较多。短果枝上的花芽，一般发育质量好，坐果率高，是大樱桃丰产的基础。

⑤花束状果枝。是一种极短的结果枝，一般为 1cm 左右，节间很短，除顶芽为叶芽外，其余均为花芽，这种枝上的花芽质量好，坐果率高，果实品质好，是盛果期樱桃树最主要的果枝类型。花束状果枝的寿命较长，一般可达 7～10 年，在良好的管理条件下可达 20 年之久。花束状果枝在初果期树上很少，进入盛果期才逐渐增多。一般壮树壮枝上的花束状果枝花芽数量多，坐果率也高，弱树、弱枝则相反。

以上几类结果枝因树种、品种、树龄、树势不同所占的比例也不同。中国樱桃在初果期以长果枝结果为主，进入盛果期之后则以中、短枝结果为主，甜樱桃在盛果期初期有些品种以短果枝结果为主，与树龄和生长势有关，在初果期和生长旺的树中，长、中果枝占的比例较大，进入盛果期和偏弱的树则短果枝和花束状果枝结果为主。大樱桃不同的营养枝和果枝之间在一定的条件下可以相互转化。因此，栽培中常通过改善树体营养状况、合理修剪和喷施生长调节剂等措施来调节营养枝和结果枝的比例，从而实现高产稳产。

4. 叶

樱桃叶为卵圆形、倒卵形或椭圆形。先端渐尖，基部有腺体 1～3 个，颜色与果实颜色相关。一般中国樱桃叶较小而甜樱桃叶较大，另外，叶缘锯齿中国樱桃多尖锐，甜樱桃锯齿比较圆钝。

叶的大小、形状及颜色，不同品种有一定差异。

二、结果习性

1. 花及花序

樱桃的花为总状花序，每花序 1 ~ 10 朵花，多数为 2 ~ 5 朵。花未开时，为粉红色，盛开后变为白色，先开花后展叶。樱桃花的授粉结实特性，不同种类区别较大，中国樱桃与酸樱桃自花结实能力强。欧洲甜樱桃除拉宾斯、斯坦勒、斯塔克、艳红等少数品种有较高的自花结实外，大部分品种都有明显地白花不实现象，而且品种之间的亲和性也有很大不同。

2. 果实

樱桃的果实较小，中国樱桃单果重仅 1g 左右，欧洲甜樱桃单果重一般 5 ~ 10g 或更大一些。果实有扁圆形、圆形、椭圆形、心脏形、宽心脏形、肾形；果皮颜色有黄白色、有红晕或全面鲜红色、紫红色或紫色；果肉有白色、浅黄色、粉红色及红色；肉质柔软多汁；有离核和黏核，核椭圆形或圆形，核内有种仁，或者五种仁。中国樱桃、毛樱桃成仁率高，可达 90% ~ 95%，欧洲甜樱桃的成仁率低。

三、年生长周期及其特点

樱桃一年中从花芽萌动开始，通过开花、萌叶、展叶、抽梢、果实发育、花芽分化、落叶、休眠等过程，周而复始，这一过程称为年生长周期。不同的生长阶段有不同的生长特点，需要不同的措施加以管理才能达到高产、优质、高效的目的。

1. 萌芽和开花

樱桃对温度反映比较敏感，当日平均气温为 10℃ 左右时，花芽开始萌动，日平均气温达到 15℃ 左右开始开花，整个花期约 10d，一般气温低时，花期稍晚，大树和弱树花期较早。同一棵树，花束状果枝和短果枝上的花先开，中、长果枝开花稍迟。同一朵花通常开 3d，其中开花第一天授粉坐果率最高，第二天次之，第三天最低。中国樱桃的花期比欧洲甜樱桃早 15d 左右。

2. 新梢生长

叶芽萌动期，一般比花芽萌动期晚5~7d，叶芽萌发后约有7d是新梢初生长期。开花期新梢生长缓慢，谢花后新梢迅速生长；果实进入硬核期，新梢又渐转慢，以致停止生长，称为春梢生长期。果实成熟采收后，对于生长势比较强的树，新梢又一次迅速生长，到秋季还能长出秋梢。生长势比较弱的树，只有春梢一次生长。

幼树营养生长比较旺盛，第一次生长高峰在5月上中旬至6月上旬延缓生长或停长，第二次在雨季之后，继续生长形成秋梢。

3. 果实发育

从果实开始膨大到果实成熟为果实的发育期。这个时期的长短因品种不同而有很大差异，一般需要30~50d。

4. 花芽分化

甜樱桃花芽分化时间较早，花芽的生理分化在果实采收后10d左右完成，其形态分化需要20~50d。花芽分化受多种因素的影响，总体上说，树体营养水平高，花芽分化的速度快，质量好；相反，则速度慢，质量差。

5. 落叶和休眠

果树休眠一般是指秋末初冬树体自然落叶至次年春季萌芽之间的时段。休眠是树体对环境适应的反应，进入休眠期的成熟枝芽较耐低温。所以，休眠对樱桃安全越冬具有重要意义。树体进入自然休眠后，需要一定的低温积累，才能进入萌发期。大樱桃在7.2℃以下需经过1 440h才能完成花芽分化，也就是说，在7.2℃以下需2个月才能通过休眠。植株的不同器官，进入休眠的时间不同，芽在新梢停止生长后即开始休眠，休眠期较长；其他地上部分则在落叶后进入休眠；根系则在5℃以下进入休眠，休眠期极短。自然休眠期过后，只要温湿度条件适宜，便可以萌芽生长。

四、环境条件的要求

1. 温度

樱桃是喜温而不耐寒的落叶果树，适于年平均气温10~12℃

的地区栽培，1 年中要求日平均气温高于 10℃ 的时间为 150～200d。中国樱桃原产于我国长江流域，适应温暖潮湿的气候，耐寒力较弱，故长江流域及北方小气候比较温暖地区栽培较多。甜樱桃和酸樱桃原产于西亚和欧洲等地，适应比较凉爽干燥的气候，在我国华北、西北及东北南部栽培较宜。但夏季高温干燥对甜樱桃生长不利。冬季最低温度不能低于 -20℃，过低的温度会引起大枝纵裂和流胶。在开花期温度降到 -3℃ 以下花即受冻害。所以，在发展樱桃时，不宜在过分寒冷的地区。

2. 水分

樱桃对水分状况很敏感，既不抗旱，也不耐涝。大樱桃根系分布比较浅，抗旱能力差，但其叶片大，蒸腾作用强。所以，需要较多的水分供应。一般大樱桃适于年降水量 600～800mm 的地区生长。有灌溉条件的果园不受年降雨量影响。

樱桃和其他核果类一样，根系要求较高的氧气，如果土壤水分过多，氧气不足，将影响根系的正常呼吸，树体不能正常地生长和发育，引起烂根、流胶，严重将导致树体死亡。如果雨水大而没及时排涝，樱桃树浸在水中 2d，叶子即萎蔫，但不脱落，叶子萎蔫不能恢复，甚至引起全树死亡。

3. 光照

樱桃是喜光树种，尤其是甜樱桃，其次是酸樱桃和毛樱桃，中国樱桃比较耐阴。光照条件好时，树体健壮，果枝寿命长，花芽充实，坐果率高，果实成熟早，着色好，糖度高，酸味少。因此，建园时要选择阳坡、半阳坡，栽植密度不宜过大，枝条要开张角度，保证树冠内部的光照条件，达到通风透光。

4. 土壤

樱桃最适宜在土层深厚、土质疏松、透气性好、保水力较强的砂壤土或砾质壤土上栽培。在土质黏重的土壤中栽培时，根系分布浅，不抗旱，不耐涝，也不抗风。樱桃树对盐渍化的程度反应很敏感，适宜的土壤 pH 值 5.6～7。因此，盐碱地区不宜种植樱桃。

5. 风

樱桃的根系一般比较浅，抗风能力差。严冬早春大风易造成枝条抽干，花芽受冻；花期大风易吹干柱头黏液，影响昆虫授粉；夏秋季台风，会造成枝折树倒，造成更大的损失。因此，在有大风侵袭的地区，一定要营造防风林，或选择小环境良好的地区建园。

第三节　樱桃优质高效栽培技术

一、建园

（一）园址选择

（1）选择背风向阳的山坡或地块。

（2）选择有一定的灌溉条件，排水良好。

（3）土壤肥沃、疏松，保水性较好的砂质壤土。

（4）选择地形较高、空气流通的山坡。

（5）选择交通便利的大城市郊区。

（二）品种选择和配置

1. 品种选择

选择早熟、果实大、色泽艳丽、肉质硬、味甜少酸、风味好、丰产、抗裂果、耐低温、耐运输，鲜食加工兼用的优良品种，但是生产上往往不能兼顾，要遵循因地制宜、适地适种、品质优良、高产高效原则。

在品种选择时，早、中、晚熟品种合理搭配，早熟品种有大紫、红艳、红蜜、红灯等；中熟品种有佳红、雷尼尔、滨库、佐藤锦、骑士等；晚熟品种有拉宾斯、萨米脱、巨红、高阳锦等。一般品种的比例可以考虑为 6 : 2 : 2；在色泽方面，应种植深红色品种为主。对于黄色品种，品质好的也可适当发展；在果实大小方面，风味好的前提下尽量选择大型果品种。

2. 配置授粉品种

大樱桃白花结实率差，选择授粉树时应本着品种多、距离近、花期一致、亲和力好，配置比例为（2~3）：1。

另外，中国樱桃能自花授粉结实，种植时不需要配置授粉树，特别适合田边、地头、村旁、道旁孤植。

（三）苗木选择

应选择苗高 1m 以上，地径 0.8cm 以上，饱满芽 6 个以上，根系发达，无病虫害，生长健壮，发育充实的苗木；跨县调运的还需有苗木检疫合格证。

（四）栽植

1. 栽植密度

栽植密度应充分考虑立地条件、砧木种类、品种特性及管理水平。一般立地条件好，乔化砧，品种生长势强，栽培密度要小一些；山地果园，矮化砧，品种生长势弱则栽植密度要大一些。高度密植果园管理水平要求高。樱桃园应适当密植，株行距应为 3m×5m 或 2m×4m。

2. 栽植时期

北方冬季低温、干旱、多风，容易将树苗吹干。所以，适合于春栽。在南方，可以秋栽，于落叶后 11 月中下旬栽植，也可以春栽。适时栽植的具体时期各地不同，以物候期为标准，即在樱桃苗的芽将要萌动前种植，华北地区在 3 月中下旬。

3. 栽植方法

山地果园及土壤贫瘠的平原，最好在栽植前一年挖直径 1m、深 0.8~1m 的定植坑，再将土杂肥、复合肥与坑周围的表土混合，回填入坑内至坑平。土壤肥沃、土层深厚的平原地区，整地成高垄后，可挖直径 0.5m、深 0.5m 的穴，施入有机肥和复合肥后，用表土填平。栽苗前在原来挖坑填土的中央，挖 1 个与根系大小相适应的小穴，树苗放在穴正中，填入疏松表土后提动苗子，使根系与土壤密接，同时，使根系伸展，而后再填土踏实，此时树苗的栽植深度和树苗在苗圃中的深度相同。在树苗四周筑起土埂，整好树盘，随即浇水。

（五）土壤管理

樱桃大部分根系分布在土壤表层，不抗旱、不耐涝、不抗风。

要求土壤肥沃，水分适宜，通气良好。生产上要加强土壤管理，为丰产、稳产、优质奠定基础。

1. 深翻扩穴

在幼树定植后的头 5 年内，从定植穴的边缘，向外挖宽约 0.5m、深 0.6m 的环状沟，每年或隔年向外扩展，逐步扩大直至两树间深翻沟相接。一般秋末冬初深翻，落叶后结合秋冬施肥进行最好，深翻扩穴有利于根系向外延展。

2. 中耕松土

通常在灌水后及下雨后进行，可切断土壤毛细管，保蓄水分，促进土壤通气，防止土壤板结；还可以消灭杂草。

3. 果园间作

幼树期间，为充分利用土地、阳光，增加收益，可在樱桃行间间作经济作物。间作物要选矮秆且能提高土壤肥力的作物，例如花生、豌豆等豆科植物，不宜间作小麦、玉米、高粱、甘薯等耗肥力强的作物。间作要留足树盘，树行宽要留出 2m。间作以不影响樱桃树体生长为原则。

4. 树盘覆盖

山地果园，将割下的杂草、麦秸秆、玉米秸秆、稻草等物覆盖于树下土壤表面，如果草源不足，可只覆盖树盘，覆草的厚度为 20cm 左右。一般在雨季之前进行，草被雨水压实固定，避免被风吹散，同时，雨水可促进覆盖物腐烂。树盘覆盖可保墒减少地面水分蒸发，保持土温稳定，抑制杂草，还可以增加土壤有机质，促进土壤微生物活动，改变土壤的物理化学性质，有利根系生长。

（六）合理施肥

1. 施肥时期

樱桃不同树龄对肥料要求不同。三年生以下的幼树需氮量多，应以施氮肥为主，辅助施适量磷肥，促进树冠形成。3～6 年生和初果期幼树，为了使树体由营养生长转入生殖生长，促进花芽分化，要注意控氮、增磷、补钾。七年生以上树进入盛果期要补充钾肥，以提高果实产量与品质。

樱桃在 1 年中不同时期对肥料要求不同。树体需在秋季积累营养满足早春生长开花需要，所以秋季要施足基肥；春夏要展叶、开花、果实发育成熟，树体对养分需求大而急迫。因此，应注意春季追肥。

2. 秋施基肥

一般在 9 月至 10 月下旬树体落叶前进行。基肥施用量占全年施肥量的 70%，施肥量应根据树龄、树势、结果量及肥料种类而定。每棵幼树施土杂肥 25~50kg，盛果期大树每棵施 100kg 左右。施肥方法是对幼树可用环状沟施法，对大树最好用放射沟施肥。

3. 追肥

（1）土壤追肥。追肥是主要方式。每年可在开花和采果后追肥 2 次。开花前追肥，可促进开花和展叶，提高坐果率，加速果实增长；盛果期大树每株可追施复合肥 1.5~2.5kg，或用人粪尿 30kg，开沟追施，施后浇水；采果后，此时花芽分化，树体需要补充营养，每棵可施腐熟人粪尿 60~70kg，或用复合肥 2kg，穴施。

（2）根外追肥。是对土壤施肥的有效补充。第一时间段为开花后到果实成熟前，此时追肥可提高坐果率，增加产量，提高品质。可在花前喷 0.3% 的尿素，花期喷 0.3% 的硼砂，果实膨大到着色期喷 0.3% 磷酸二氢钾 2~3 次。第二时间段在秋季落叶前半个月，可喷 2% 的尿素，此时，叶片厚，气温低，在尿素浓度高时也不会发生药害。叶面喷肥应该在下午近傍晚时进行，喷洒部位以叶背面为主，便于叶片气孔吸收。

（七）灌水和排水

樱桃树对水分状况反应敏感，既不抗旱，也不耐涝。因此，要根据其生长发育中的需水特点和降雨情况适时浇水和及时排水。

1. 适时浇水

樱桃生产上一般在以下几个阶段，如果土壤供水不足需进行灌水。

（1）花前水。主要是满足发芽、展叶、开花、坐果及幼果生长对水分的需要；还可以降低地温，延迟开花期，有利于避免晚霜的危害，可以结合施肥进行。

（2）硬核水。在果实生长的中期进行，在灌水 1 周后，中耕松土，使土壤水、气、热均达到最佳状态，促进果实膨大，达到最大单果重，提高了产量和品质。

（3）采后水。果实采收后，雨季未到，雨水少，而气温高，日照强，水分蒸发量很大，需进行灌水，促进树体恢复和花芽分化。

（4）封冻水。落叶后至封冻前，结合深翻扩穴秋施基肥后灌水，使树体吸足水分，有利于安全越冬。

一般采用畦灌和树盘灌，在有条件的地方，还可采用喷灌、滴灌和微喷灌。

2. 及时排水

樱桃怕涝，在栽植时可采用高垄栽植和地膜覆盖，防止幼树受涝。对于大树，在行间中央挖深沟，沟中的土堆在树干周围，形成一定的坡度，使雨水流入沟内，顺沟排出。对于受涝树，天晴后要深翻土壤，加速土壤蒸发和通气，尽快使根系恢复生机。

二、整形修剪

整形修剪应因树修剪，随枝造形，统筹兼顾，合理安排开张角度，促进成花为原则。

（一）树形选择

大樱桃优质丰产树体结构应具备以下几个特点。一是低干、矮冠；二是骨干枝级次少；三是主枝角度大，光照充分。

生产上所采用的树形包括自由纺锤形、小冠疏层形、自然开心形等。

（二）不同树龄的修剪措施

1. 幼树修剪

以生长季修剪为主，休眠期修剪为辅。

（1）生长季修剪。一是通过扭梢或疏除直立旺梢控制旺长，改善光照，节约营养；二是通过拿枝和拉枝、坠枝等措施开张角度；三是通过多次摘心抑制生长，促生分枝和促进花芽分化。

（2）冬季修剪。对枝组上的 1 年生枝轻短截，可缓和树势，促生分枝，增加结果枝；对骨干枝延长头中短截，可扩大树冠；

对 1 年生枝甩放，可提高萌芽率，缓和树势；对密生枝进行疏除可以改善光照；对竞争枝疏除可以平衡树势。

2. 初结果期的修剪

（1）继续整形。樱桃栽植 3~4 年进入初结果期，对还没有形成理想树型的树体继续冬剪造型，对中心干或主枝进行中截，培养新的主枝和侧枝。当主枝之间生长不平衡时：拉大生长较旺的主枝角度，并适当清除一些发育枝；拉小生长差的主枝角度，多留发育枝，冬季进行中截，多发枝条，促进弱枝长强。

（2）培养结果枝组。结合品种特征、利用修剪技术培养延伸型枝组和分枝型枝组。延伸型枝组是枝组上有延伸型中轴，长度 50~100cm，中轴上着生多年生花束状果枝和短果枝。这类枝组主要通过大枝缓放，改变角度，对其先端强枝进行摘心和疏除。对中下部的多数短枝缓放至第二年，形成花束状果枝或短果枝，第三年开花结果。分枝型枝组是一类枝轴有较多、较大分枝的枝组，一般枝轴短，分枝级次较多。这类枝组多数对中长枝进行短截，然后有截、有放、有疏，结合夏季摘心培养而成。这类枝组上除有花束状果枝和短果枝外，以中、长果枝为主，混合枝也有一定的数量，枝组本身的更新能力较强。

3. 盛果期的修剪

一般树体初结果期经过 2~3 年后逐渐进入盛果期。此时期的修剪任务是要保持中庸健壮的树势，防止多头延伸，维持合理的树体结构，稳定枝量和花芽量。盛果期壮树的标准为：全树枝条长势均衡，外围新梢年生长量 30cm 左右，枝条充实，芽体饱满，花束状果枝及短果枝上有叶片 7 片左右，叶片大而深绿。

防止多头延伸，使果园覆盖率稳定为 75% 左右，不超过 80%。在修剪上若结果枝组和结果枝长势好，结果能力强，则外围选留壮枝继续延伸，扩大结果面积；反之，结果枝组和结果枝长势弱，则外围枝要选留偏弱的枝延伸，甚至外围不留枝，回缩结果枝轴，保持中庸树势，促进内部萌生结果枝。对一局部旺长部位要清除旺枝，去强留弱，去直留平，抑制生长。

4. 衰老期的修剪

樱桃树寿命一般在 25 年左右。进入衰老期，树冠呈现枯枝，缺枝少叉，结果部位远离母枝，生长结果能力明显减退，产量下降。此时期的修剪任务主要是及时更新复壮，重新恢复树冠。因为樱桃的潜伏芽寿命长，大、中枝经回缩后容易发生徒长枝，对引发的徒长枝选择合适部位进行培养，2～3 年内便可重新恢复树冠。

（1）地上部分更新。长势衰退的大枝，若适当部位有生长正常分枝，对大枝在分枝前端短截回缩更新，促进分枝的生长，同时可保留一定结果部位。对回缩部位萌生的新枝，选择一个长势健壮、方位适宜的留作更新枝，并及时调整好角度。抹除多余萌枝，以促进更新枝的生长。更新枝长到 50cm 长时摘心，促发 2 次枝，一般枝条延伸 2 年后，前端生长延缓，后部枝即开花结果，花束状果枝、短果枝比幼树容易形成。对于更新的老树一般不考虑树形，只需尽早恢复树冠，延长结果年龄。

（2）地下部分更新。挖沟施肥时有目的地切断部分根系，促使老根长出新根，并增施肥水，以利根系的更新生长，根系吸收能力提高后又能促进地上部分生长。

（三）不同时期的修剪技术

1. 冬剪

又叫休眠期修剪，目的是促使局部生长势增强，削弱整个树体的生长。一般每年 11 月中下旬落叶开始到第二年 3 月中下旬均可进行，但最佳时期是早春萌芽前。常用的方法有短截、缓放、回缩、疏枝等。

（1）短截。剪去 1 年生枝一部分，即为短截。此法促进新梢的生长，增加长枝的比例，减少短枝的比例，促进树冠扩大。短截可分为轻、中、重和极重 4 种。剪去枝条 1/4～1/3 称为轻短截，剪去枝条 1/2 的称中短截，剪去枝条 2/3 的称重短截，剪去枝条 3/4～4/5 的称极重短截。

（2）缓放。又叫甩放、长放，多在幼龄树的营养枝上应用。对 1 年生枝不进行剪截，任其自然生长，称为缓放。

（3）回缩。将多年生枝剪除或锯掉一部分，即为回缩。多用于连续结果多年的母枝。其作用是调整枝组数量和大小，复壮树势，更新枝组，改善光照，促进回缩部位以下的枝条生长。

（4）疏枝。把 1 年生枝或多年生枝从基部剪去或锯掉的修剪措施。主要疏除树冠外围的多余 1 年生枝、徒长枝、轮生枝、过密枝。

2. 夏剪

又叫生长季修剪，多在 4—8 月生长旺季进行。主要作用是缓和长势，促发中短枝，促进花芽形成。方法有刻芽、摘心、剪梢、扭梢、拉枝、环割、环剥等。

（1）刻芽。用锯条在芽的上方横拉，深达木质部，刺激该芽萌发成枝的方法。刻芽要严格掌握时期，要在顶芽变绿尚未萌发时进行，过早会引起流胶。

（2）摘心及剪梢。在夏季新梢木质化前，摘除新梢先端部分，即为摘心，对木质化新梢摘除或剪去新梢先端部分，即为剪梢；其作用是控制旺长，促发 2 次枝，加速整形；促进花芽形成，提早结果。早期操作在花后 7～10d 进行，生长旺季操作在 5 月下旬至 7 月中旬进行。

（3）扭梢。在新梢半木质化时，用手捏住新梢的中部扭曲 180°，别在母枝上。其作用是控制旺长，改善光照，积累营养，促进花芽形成，要注意扭梢的时期。

（4）拿枝。用手对旺梢自基部到顶端逐段捋拿，伤及木质部而不折断。目的是缓和长势，开张角度。在 5—8 月皆可进行。

（5）开张角度。开张角度方法有拉枝、拿枝、坠枝、撑枝、别枝等，最好在生长期进行，一般在 3 月下旬以后或 6 月底樱桃采收以后进行。此法可迅速扩大树冠，增加内膛光照，削弱枝条顶端优势，促进下部小枝发育，提早形成花芽和开花结果。一般在幼树阶段进行。

（6）环剥、环割。为抑制生长过旺，促进花芽形成，采用此法。对生长旺盛 2 年生枝条，从基部剥去一圈韧皮部的措施即为环剥，宽度为枝条直径的 1/10。剥皮后不用手触摸，立即用纸或塑料包扎保护。环割指在枝干光滑部位割断一圈或几圈皮层。

三、花、果及其他管理

（一）提高坐果率的措施

1. 放养蜂群

为促进授粉，提高坐果率，在花期按每 10 亩 1 箱的标准放养蜜蜂。遇到早春温度低，蜜蜂活动率低的年份，可放养壁蜂。

2. 人工授粉

生产上可采用棍式授粉器，即选用 1 根长 1.2～1.5m、粗约 3cm 的棍式竹竿，在上端缠上长塑料条，外包一层洁净的纱布即可。用棍式授粉器的上端在不同品种的花朵上滚动，速度要快。也可用鸡毛掸子代替棍式授粉器。人工授粉一般进行 2～3 次，重点在盛花期，可明显提高坐果率。

3. 施用植物激素

花期及落花后喷 2 次 40～50mg/L 的赤霉素，有助于授粉受精，能明显地提高坐果率。

4. 施用营养液

花期树体喷 5% 糖水或喷 0.3% 尿素 + 0.3% 硼砂 + 600 倍液的磷酸二氢钾 2 次，都可显著提高坐果率。

（二）提高果实品质的措施

1. 疏花蔬果

疏花在开花前及花期进行。疏去细弱枝上的弱花、畸形花，每个花束状短果枝留 2～3 个花序。疏花后可改善保留花的养分供应，提高坐果率和促进幼果的生长发育。疏果在坐果稳定后进行，主要在结果过密处，疏去小果、畸形果及光线不易照到、着色不良的下垂果。

2. 防止和减轻裂果

加强土壤管理，保持土壤湿度稳定，特别是临近果实成熟时，不能灌水。

3. 防治鸟兽为害

国内外预防鸟类的方法较多，如在樱桃园内悬挂稻草人或用塑料制作的猛兽形象挂在树上，吓跑害鸟；在果园内敲锣打鼓，或用扩音机播放鸟类惨叫的录音，惊吓鸟类；日本采用架设防鸟网的方法，把树保护起来，效果最好，但耗资较大。

四、果实的采收、分级及贮运

(一)适时采收

采收时期主要根据果面着色而定。黄色品种一般在果皮变黄，并有着色的红晕时采收；红色或紫色品种果面全面红色或紫色时采收。生产上最直观的判断为樱桃果实最鲜艳美观的时期，即为最佳采收时期。同一棵树上的果实成熟期也不尽一致，树冠上部及外围开花早，果实成熟早；树冠下部及内膛开花迟，果实成熟晚。在采收时要分期分批采收。

(二)采收方法

樱桃果实不耐机械损伤，主要靠人工采摘。采摘时手拿果梗，顺着生长方向轻轻摘下即可。切忌手拉果梗逆向往下拉，损伤结果枝，影响来年产量。

第十一章　核　桃

核桃是我国栽培历史悠久的重要木本油料果树，具有较高的经济价值。核桃种子富含脂肪、蛋白质、糖类、维生素及钙、铁、磷、锌等多种无机盐，具有较高的营养价值和良好的医疗保健作用，尤其是种仁中富含的亚油酸对软化血管、降低血液胆固醇有明显的作用。核桃树体高大，枝干挺立，枝叶繁茂，是荒山造林、保持水土、美化环境的优良树种。

第一节　核桃主要品种和优良品种

一、核桃主要品种

核桃科（Juglandaceae）共有 7 个属，约有 60 个种。用于果树栽培的有 2 个属，即核桃属（*Juglans* L.）和山核桃属（*Carya* Nutt.）

（一）核桃属

核桃属约有 20 个种分布在亚洲、欧洲和美洲。我国栽培的有 18 个种，其中栽培最多、最广的有 2 个，即普通核桃（*Juglans regia* L.）和铁核桃（*J. Sigillata* Dode），其余有少量栽培或野生，或用作砧木。

1. 普通核桃

又称胡桃，国外叫做波斯核桃或英国核桃。世界各国核桃绝大多数栽培品种均属此种。普通核桃在我国栽培分布很广。以山西、河北、陕西、甘肃、河南、山东、新疆维吾尔自治区、北京等省、自治区、直辖市为集中产地。

普通核桃树为高大落叶乔木，一般树高 10~20m，树冠大，寿命长；树干皮灰色，幼树平滑，老时有纵裂。一年生枝呈绿褐色，无毛，具光泽，髓大；奇数羽状复叶，互生，小叶 5 ~ 9 枚，稀 11 枚，对生。雌雄同株异花、异熟。雄花序荑荑状下垂，长 8 ~ 12cm，每序有小花 100 朵以上，每小花有雄蕊 15 ~ 20 个，花药黄色；雌花序顶生，雌花单生、双生或群生，子房下位，1 室，柱头浅绿色或粉红色，2 裂，偶有 3 ~ 4 裂，盛花期呈羽状反曲。果实为坚果（假核果），圆形或长圆形，果皮肉质，幼时有黄褐色茸毛，成熟时无毛，绿色，具稀密不等的黄白色斑点；坚果多圆形，表面具刻沟或光滑。种仁呈脑状，被浅黄色或黄褐色种皮。

2. 铁核桃

又称泡核桃、漾濞核桃、茶核桃、深纹核桃，主要分布在云南、四川、贵州等地。

落叶乔木，树皮灰色，老树暗褐色具浅纵裂。1 年生枝青灰色，具白色皮孔。奇数羽状复叶，小叶 9 ~ 13 枚。雌雄同株异花。雄花序粗壮，荑荑状下垂，长 5 ~ 25cm，每小花有雄蕊 25 枚，雌花序顶生，具雌花 2 ~ 3 枚，稀 1 枚或 4 枚，偶见穗状结果，柱头2 裂，初时呈粉红色，后变为浅绿色形。果实倒卵圆形或近球形，黄绿色，表面幼时有黄褐色茸毛，成熟时无毛；坚果卵形，两侧稍扁，表面具深刻点状沟纹。内种皮极薄，呈浅棕色。喜湿热气候，不耐干冷，抗寒力弱。

3. 核桃楸

又称胡桃楸、山核桃、东北核桃、楸子核桃，原产我国东北，以鸭绿江沿岸分布最多，河北、河南也有分布。

落叶大乔木，高达 20m 以上；树皮灰色或暗灰色，幼龄树光滑，成年后浅纵裂。小枝灰色，粗壮，有腺毛，皮孔白色隆起。奇数羽状复叶，小叶 7 ~ 17 枚。雄花序荑荑状，长 9 ~ 27cm；雌花序具雌花 5 ~ 10 朵。果序通常 4 ~ 7 果；果实卵圆形或椭圆形，先端尖；坚果长圆形，先端锐尖，表面有 6 ~ 8 条棱脊和不规则深刻沟，壳及内隔壁坚厚，不易开裂，内种皮暗黄色，很薄。抗寒性强，生长迅速，可作核桃品种的砧木。

4. 河北核桃

又称麻核桃，系核桃与核桃楸的天然杂交种，在河北、北京和辽宁等地有零星分布。

落叶乔木,树皮灰白色,幼时光滑,老时纵裂。嫩枝密被短柔毛,后脱落近无毛。奇数羽状复叶,小叶 7~15 枚。雌雄同株异花。雄花序葇荑状下垂,长 20~25cm;雌花序 2~3 小花簇生。每花序着生果实 1~3 个。果实近球形,顶端有尖;坚果近球形,顶端具尖,刻沟、刻点深,有 6~8 条不明显的纵棱脊,缝合线突出;壳厚不易开裂,内隔壁发达,骨质,取仁极难,适于做工艺品。抗病性及耐寒力均很强。

(二)山核桃属

本属约有 21 个种,主要产于北美,其中,1 个种产于我国。现我国栽培的主要是山核桃和长山核桃 2 个种。

1. 山核桃

别名山核、山蟹、小核桃,产于我国浙江、安徽等省。生长于针叶阔叶混交林中。乔木,树皮光滑。小叶 5~7 枚;果实倒卵形,幼时有 4 棱;坚果卵形,顶端短尖,基部圆形,壳厚有浅皱纹。

2. 薄壳山核桃

别名美国山核桃、培甘、长山核桃,原产美国,是当地重要干果,我国云南、浙江等地有引种栽培。乔木,皮黑褐色。小叶 9~17 枚;果实矩圆形或长椭圆形,有 4 条纵棱,坚果矩圆形或长椭圆形。

二、核桃优良品种

我国各地有记载的品种和类型有 800 多个。按其来源、结实早晚、核壳厚薄和出仁率高低等,将其划分为 2 个种群、2 大类型和 4 个品种群。

核桃按来源分核桃和铁核桃;按结果早晚分为早实核桃和晚实核桃;按核壳的厚薄分纸皮核桃、薄皮核桃、中皮核桃和厚皮核桃。

早实核桃类群:实生播种后 2~3 年开始结果,嫁接后 2~3 年能开花结实,树体较小,常有 2 次生长和 2 次开花现象,发枝力强,侧生混合花芽和结果枝率高。

晚实核桃类群:实生播种后 6~10 年开始结果,嫁接后 3~4

年能开花结实，树体较大，无两次开花现象，发枝力弱，侧生结果枝率低。

1. 辽宁 5 号

由辽宁省经济林研究所经人工杂交培育而成。已在辽宁、河南、河北、山西、陕西、北京、山东、江苏、湖北、江西等地栽培。坚果长扁圆形，果基圆，果顶肩状，微突尖。纵径为 3.8cm，横径约为 3.2cm，侧径约为 3.5cm，坚果重约 10.3g。壳面光滑，色浅；缝合线宽而平，结合紧密，壳厚约 1.1mm。内褶壁膜质，横隔窄或退化，可取整仁或 1/2 仁。核仁较充实饱满，平均单核仁重 5.6g，出仁率 54.4%。核仁浅黄褐色，纹理不明显，风味佳。该品种果枝率高，丰产性特强，抗病，特抗风，坚果品质优良，连续丰产性强。适宜在我国北方核桃栽培区和常有大风灾害的地区发展。

2. 辽宁 6 号

图 11 – 1　辽宁 6 号

由刘万生等通过人工杂交育成。已在辽宁、河南、山西、陕西、河北和山东等地栽培。坚果椭圆形，果基圆形，顶部略细，微尖。平均单果重约 12.4g。壳面粗糙，颜色较深，为红褐色。缝合线平或微隆起，结合紧密，壳厚 1mm 左右。内褶壁膜质或退化，可取整仁。核仁较充实，饱满，黄褐色，仁重约 7.3g，出仁率为 58.9%。树势较强，树姿半开张或直立，分枝力强，结果枝粗壮较长，属长枝类型，雌先型。比较抗病、耐寒。该品种树势较强，枝条粗壮，果枝率高，连续丰产性强，抗病。

3. 寒丰

由刘万生等通过人工杂交育成，亲本为新疆纸皮核桃实生后代的早实单株 11005 和日本心形核桃。已在辽宁、河北、山西、陕西、甘肃和新疆等地栽培。坚果长阔圆形，果其圆，顶部略尖。平均单果重 14.4g，属中大果型。壳面光滑，色浅，缝合线窄。壳厚约 1.2mm。可取整仁或 1/2 仁。核仁重约 7.6g，出仁率为 52.8%。核仁较充实饱满，黄白色，味略涩。树势强，树姿直立或半开张，分枝力强，属于中短枝类型。每雌花序着生2~3朵雌花，在不授粉的条件下可坐果60%以上，具有较强的孤雌生殖能力。多双果。丰产性较强，属雄先型。该品种生长势强，树冠较直立，分枝率高，抗病性强，坚果品质优良，连续丰产性强。雌花出现特晚，抗春寒，孤雌生殖力强，是其独特的生物学特性，非常适宜在北方易遭晚霜和春寒为害的地区栽培。

4. 中林3号

由中国林业科学研究院林业研究所经人工杂交育成。已在河南、山西、陕西等地栽培。树势较旺，树姿半开张，分枝力较强。属雌先型，中熟品种。侧花芽率在50%以上，幼树2~3年开始结果。丰产性极强，6年生株产量在7kg以上。坚果椭圆形，平均单果重11g。壳面较光滑，在靠近缝合线处有麻点，缝合线窄而凸起，结合紧密，壳厚约1.2mm。内褶壁退化，横隔膜膜质，易取整仁，出仁率为60%，核仁充实饱满，乳黄色，品质上等。该品种适应性强，品质佳。由于树势较旺，生长快，也可作农田防护林的材果兼用树种。

5. 中林5号

由中国林业科学研究院林业研究所经人工杂交育成。已在河北、山西、陕西、四川和湖南等地栽培。树势中庸，树姿较开张。树冠长椭圆形至圆头形，分枝力强，枝条节间短而粗，丰产性好。属雌先型，早熟品种。结果枝属短枝型，侧生混合芽率为90%。坚果圆形，果基平，果顶平。壳面光滑，缝合线较窄而平，结合紧密，壳厚约1mm。内褶壁膜质，横隔膜膜质，易取整仁，出仁率为58%，核仁充实饱满，仁乳黄色，风味佳。该品种适应性强，特丰产，品质优良，核壳较薄，不耐挤压，贮藏运输时应注意包装。适宜密植栽培。

6. 香玲

山东省果树研究所采用人工杂交技术育成。主要栽培于山东、河北、河南、四川、陕西等地。基部平，果顶微尖。坚果重12.2g左右，最大14g。壳厚0.9mm左右，内褶壁退化，可取整仁。内种皮淡黄色，无涩味，种仁饱满，具香味。出仁率65.4%，脂肪含量 65.5%，蛋白质含量 12.6%，坚果美观，品质上等。树势中等，树姿直立，树冠圆柱形，分枝力强，雄先型，中熟品种。核仁色浅，果仁饱满，丰产性能好。树势较旺，树姿较直立，分枝力较强，适应性较强，丰产，适宜在山区土层较深厚和平原林粮间作栽培。在土层薄、干旱地区和结实量太多时，坚果变小（图11-2）。

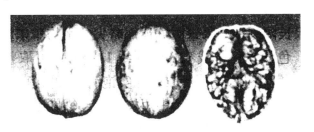

图 11-2 香玲

7. 鲁香

山东省果树研究所 1978 年杂交，亲本为上宋 6 号和新疆早熟丰产，1985 年选出，1989 年定为优系，1995 年 8 月通过专家组验收并定名为鲁香。树姿开张，树冠半圆形。坚果倒卵形，浅黄色，果顶平而微凹，果基扁圆，壳面刻沟浅、稀，较光滑，缝合线平，结合紧密，不易开裂，内褶壁膜质，纵隔不发达。平均单果重 12.7g，仁重约 7.84g，壳厚约 1.1mm，可取整仁。

图 11-3 鲁香

内种皮淡黄色，无涩味，核仁饱满，有香味。该品种树势中庸，树姿开张。幼树生长较旺，新梢较细，枝条髓心较小。嫁接苗定植后第一年开花，第二年结果；结果后树势变弱。母枝分枝力强，以中、短枝结果为主，坐果率为 82%。丰产、稳产性较强。鲁香核桃抗逆性强，适应性广，最适宜在青石山及含钙丰富的微碱性土壤上生长（图 11-3）。

8. 元丰

山东省果树研究所从引进的新疆早实类群实生树中选育而成。主要栽培于山东、山西、陕西、辽宁、河南和河北等地。树冠半圆形，主枝开张角度为 40°~45°，树势中庸，新梢黄绿色，复叶小叶 5~7 片，全缘无茸毛，为雄先型。雄花量较多，雌雄花芽重叠，常有 2 次开花结果习性。结果枝组紧凑、粗短，连续结果率为95.5%。坚果卵圆形，中等大，平均单果重 12g，壳厚 1.15mm。易取整仁，出仁率为 49.7%，仁色深，风味香。该品种适应性较强，早期产量高，品质优良。适宜在山丘土层深厚处栽培。

9. 岱香

山东省果树研究所用早实核桃品种辽核1号作母本、香玲为父本进行人工杂交选育而成。树姿开张，树冠圆形，树冠密集紧凑。混合芽大而多，连续结果，雄花芽少时该品种具有丰产、稳产的突出性状。该品种为雄先型。坚果圆形，浅黄色，果基圆，果顶微尖，壳面较光滑，缝合线紧，稍凸，不易开裂。内褶壁膜质，纵隔不发达，易取整仁。

图 11 -4 岱香

平均单果重 13.9g，仁重 8.1g，出仁率 58.7%。核仁饱满，香味浓、无涩味。坚果综合品质优良。适应性广，早实、丰产、优质，最适宜在平原壤土地区栽培（图 11 -4）。

10. 元林和青林

由山东省林业科学研究院通过核桃种间杂交（母本为元丰，父本为强特勒）选育出的新品种。2007 年 9 月通过了山东省科学技术厅组织的成果鉴定，并命名为元林、青林。

（1）元林。树姿直立或半开张，生长势强，树冠自然半圆形，以中、短果枝结果为主。单枝以双、三果为主，多者坐果可达 8 个，结果母枝连续结果能力较强，可连续 4 年结果。早实、丰产性状表现突出。坚果长圆形，平均单果重 16.84g。壳面光滑美观，浅黄色。缝合线略窄而平，结合紧密，壳厚 1.26mm 左右，褶壁退化，易取整仁。核仁充实饱满，仁重约 9.35g，出仁率为 55.42%

左右，味香微涩。萌芽晚，抗晚霜，较抗细菌性黑斑病、炭疽病，结果早，品质优，丰产性状稳定，外观商品性状优良等特点。适宜在平原和丘陵山地、梯田堰边等土壤立地条件较好，以及在早春容易发生冻害的地区栽植。

（2）青林。优良母株生长旺盛，干性强，树姿直立，结实量大。坚果长椭圆形，果基圆，果顶微尖，平均单果重 17.8g，壳面为条状刻沟，较深，壳面较光滑，壳色黄褐色，缝合线窄凸，结合紧密，壳厚约 2.18mm。内褶壁退化，横隔膜膜质，取仁易，可取半仁或整仁。核仁浅黄色，充实饱满，内种皮淡黄色，无涩味，浓香，品质上等。仁重约 7.27g，出仁率为 40.12%。作为实生核桃品种，适于材果兼用。

11. 薄壳香

由北京市农林科学研究院林果研究所从新疆核桃实生园中选育而成。主要在北京、山西、陕西、辽宁和河北等地栽培。坚果

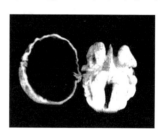

图 11-5 薄壳香

长圆形，果基圆，果顶微凹，平均坚果重 12g。壳面较光滑，有小麻点，颜色较深；缝合线较窄而平，结合紧密，壳厚 1.0mm，易取整仁。核仁充实饱满，味香而不涩，出仁率 60% 左右；脂肪含量为 64.3%，蛋白质含量为 19.2%。树势较旺，树姿较开张，分枝力中等。雌、雄同熟型。适宜树形为主干疏层形，果粮间作适宜密度为 6m×10m，园艺栽培适宜密度为 5m×6m。较耐旱，抗霜冻，抗病性也较强。适宜在华北、西北丘陵地区栽培（图 11-5）。

12. 西扶 1 号

由西北林学院 1981 年从陕西扶风隔年核桃实生树中选出，1989 年定名。坚果长圆形，果基圆形，平均坚果重 12.5g。壳面光滑，色浅；缝合线窄而平，结合紧密，壳厚 1.2mm，可取整仁，出仁率 53%。核仁充实饱满，色浅，味香甜。树姿较开张，分枝力中等，节间较短。以中果枝结果为主，雄先型。适宜树形为自然圆头形，修剪上应注意及时短截多年生结果母枝，保持树势健

壮；适宜的果粮间作密度为 4m×8m，园艺栽培适宜密度为 4m×5m。在陕西萌芽期为 3 月底，4 月下旬雄花散粉，5 月初雌花盛开，9 月中旬坚果成熟。抗性较强，适宜在华北、西北地区栽培。

13. 晋丰

由山西省林业科学研究所从祁县的新疆核桃实生树中选育而成，主要在山西、河南、陕西和辽宁等地栽培。树势中庸，树姿较开张，树冠半圆形，干性较弱而短果枝较多，为雄先型。坚果圆形，中等大，平均单果重 11.34g。壳面光滑美观，壳厚约 0.81mm，微露仁，缝合线较紧。可取整仁，出仁率为 67%。仁色浅，风味香，品质上等。该品种丰产、稳产，需要注意疏花疏果。耐寒、耐旱、较抗病。适宜在我国北方平原或丘陵区土肥水条件较好地块栽培。

第二节 核桃生长结果习性

一、核桃生长特性

（一）核桃的根系

1. 核桃根系生长动态

核桃属深根性树种，主根较深，侧根水平伸展较广，须根细长而密集。在土层深厚的土壤中，成年核桃树主根深度可达 6m，侧根伸展可达 12~14m，根系集中层为地面以下 20~60cm。实生树 1、2 年垂直根生长快，地上部分生长慢；3 年以后，侧根生长加快，数量增加。因此，切断 1~2 年生树的主根，能促进侧根生长，提高定植成活率，加速地上部分生长（图 11-6）。随树龄增加，水平根扩展加速，营养积累增加，地上枝干生长速度超过根系生长。

图 11-6 核桃

核桃根系开始活动期与芽萌动期相同，3 月 31 日出现新根，

6月中旬至7月上旬、9月中旬至10月中旬出现2次生长高峰，11月下旬停止生长。

2. 根系与土壤的关系

成龄核桃树根系生长与土壤种类、土层厚度和地下水位有密切关系。土壤条件和土壤环境较好，根系分布深而广。土层薄而干旱或地下水位较高时，根系入土深度和扩展范围均较小。因此，栽培核桃树应选土壤深厚，质地优良，含水量充足的地点，有利于根系发育，从而可加快地上部枝干生长，达到早期优质丰产的目的。由于土壤条件不良，常常导致根系发育差，地上部枝干生长衰弱，造成"小老树"，影响树体的生长和结果。

（二）核桃芽的类型及特性

核桃的芽根据其形态、构造及发育特点，可分为混合芽（雌花芽）、雄花芽、营养芽（叶芽）和潜伏芽四大类。

1. 混合芽

芽为圆形，芽体肥大，发育饱满，芽顶钝圆，鳞片紧包，萌芽后抽生结果枝，在结果枝顶端着生雌花。晚实核桃的混合芽，着生在1年生枝顶部1~3个节位处，单生或与叶芽、雄花芽上下呈复芽状态，着生于叶腋间。早实核桃除顶芽为混合外，其余2~4个侧芽也多为混合芽。

2. 雄花芽

多着生在枝条中下部，单芽或双芽上下聚生。雄花芽为纯花芽、圆锥形，似桑葚，鳞片很小，不能覆盖芽体，故又称裸芽，膨大伸长后形成雄花序。

3. 营养芽

又叫叶芽，萌发后只抽生枝和叶，枝条各节均可着生。在结果枝上多着生混合芽以下，雄花芽以上，或与雄花芽上下排列呈复芽着生。在徒长枝上，除潜伏芽外，均为营养芽。营养芽因着生部位和营养状况不同，其形状大小差异很大。在盛果期，营养条件较好的情况下，着生在顶端1~3芽的营养芽可抽生结果枝。

4. 潜伏芽

又叫休眠芽，属于叶芽的一种，着生在枝条基部，芽体扁圆瘦小，在正常的情况下不萌发，但生命力可达数十年之久，当枝条上部遭到破坏或遇到刺激时，常萌发徒长枝，成为树体更新和复壮的后备力量。

（三）核桃的枝条

1. 核桃枝条的种类

核桃的一年生枝条，可分为结果枝、营养枝、雄花枝和徒长枝。

（1）结果枝。一般结果枝上着生混合芽、营养芽、雄花芽和潜伏芽，结果枝可分为长果枝、中果枝和短果枝。

长果枝：顶部 1～5 芽多为混合芽，长度为 15cm 以上，粗度 1cm 以上。

中果枝：顶部 1～3 芽多为混合芽，长度为 7～15cm，粗度 0.8cm 以上。

短果枝：一般只有顶芽为混合芽，长度为 7cm 以下，粗度 0.8cm 以下。

（2）营养枝。营养枝是指只长叶不结实的枝条，是扩大树冠和形成新的结果枝基础，长度为 20～50cm。

（3）雄花枝。雄花枝长度一般只有 3～5cm，只着生雄花，既不能萌发新枝，也不能结果，雄花脱落后便干枯。

（4）徒长枝。徒长枝大部分是由潜伏芽萌发而产生，多见于更新期的老树，这类枝条生长旺盛，一般比较粗长，但组织发育不充实，长度为 0.6～1.2m，有的可达 2m 以上，幼树上的应及早疏除，老树上的可改造成结果枝组。

2. 枝条的特性

核桃枝条的生长，受年龄、营养状况、着生部位及土地条件的影响。一般幼树和壮枝 1 年中可有 2 次生长，形成春梢和秋梢。2 次生长现象，随年龄增长而减弱。短枝和弱枝只有 1 次生长即形成顶芽，健壮发育枝和结果枝可出现 2 次生长，一般来说，2 次枝生长过旺，木质化程度差，不利于枝条越冬，应加以控制。需要注意的是，核桃背下枝吸水力强，生长旺盛，这是不同于其他树种的一个重要特性，在栽培中应注意控制或利用；否则，会造成"倒拉枝"，使树形紊乱，影响骨干枝生长和树下耕作。

二、核桃结果特性

(一) 核桃开花结果特性

核桃一般为雌雄同株异花 (图 11 - 7、图 11 - 8)。核桃雄花序长 8 ~ 12cm，偶有 20 ~ 25cm 者，每花序着生 130 朵左右小花，多者达 150 朵。而有生命力的花粉约占 25%，当气温超过 25℃时，会导致花粉败育，降低坐果率。雄花春季萌动后，经 12 ~ 15d，花序达一定长度，小花开始散粉，其顺序是由基部逐渐向顶端开放，2 ~ 3d 散粉结束。散粉期如遇低温、阴雨、大风天气等，将对授粉受精不利。雄花过多，消耗养分和水分过多，会影响树体生长和结果。试验表明，适当疏雄 (除掉雄芽或雄花约 95%) 有明显的增产效果。

图 11 - 7　核桃雌花开放

图 11 - 8　核桃雄花开放后期

核桃雌花可单生或 2 ~ 4 朵簇生，有的品种有小花 10 ~ 15 朵呈穗状花序，如穗状核桃。雌花初显露时为幼小子房露出，2 裂柱头抱合，此时无授粉受精能力。经 5 ~ 8d，子房逐渐膨大，羽状柱头开始向两侧张开，此时为始花期；当柱头呈倒八字形时，柱头正面突起且分泌物增多，为雌花盛花期，此时接受花粉能力最强，为授粉最佳时期。经 3 ~ 5d 后，柱头表面开始干涸，授粉效果较差。之后柱头逐渐枯萎，失去授粉能力。

核桃雌雄花的花期不一致，称为"雌雄异熟"性。雄花先开者叫"雄先型"，雌花先开者叫"雌先型"，雌雄花同时开放者为雌雄同熟型，但这种情况较少。各种类型因品种不同而异。

雌雄异熟性决定了核桃栽培中配置授粉树的重要性。多数研究认为，以同熟型的产量和坐果率为最高，雌先型次之，雄先型最低。

开花结果年龄因类型和品种而异。初结果树多先形成雌花，1~2年后才出现雄花。成年树雄花量多于雌花量几倍、几十倍，因此雄花过多而影响产量。成年树以健壮的中、短结果母枝坐果率最高。在同一结果母枝上以顶芽及其以下1~2个腋花芽结果最好。一般1个果序可结1~2个果，也可着生三果或多果。健壮的结果枝在结果的当年还可以形成混合芽，具有连续结实能力。

核桃一般每年开花1次。早实核桃具有2次开花结实的特性。2次花着生在当年生枝顶部。花序有3种类型：第一种是雌花序，只着生雌花，花序较短，一般长10~15cm；第二种是雄花序，花序较长，一般为15~40cm，对树体生长不利，应及早去掉；第三种是雌雄混合花序，下半序为雌花，上半序核桃还常出现两性花：一种是雌花子房基部着生雄蕊8枚，能正常散粉，子房正常，但果实很小，早期脱落；另一种是在雄花雄蕊中间着生一发育不正常的子房，多早期脱落。

核桃的授粉效果与天气状况及开花情况有较大关系。核桃花期的早晚受春季气温的影响较大。即使同一地区不同年份，花期也有变化。对一株树而言，雌花期可延续6~8d，雄花期延续6d左右；一个雌花序的盛期一般为5d，1个雄花序的散粉期为2~3d。

经验证明：凡雌花期短，开花整齐者，其坐果率就高；反之，则低。花期如遇低温阴雨天，则会明显影响正常的授粉受精活动，降低坐果率。

核桃系风媒花。花粉传播的距离与风速、地势等有关，在一定距离内，花粉的散布量随风速增加而加大，但随距离的增加而减少。据研究报道，最佳授粉距离应在距授粉树100m以内，超300m，几乎不能授粉，这时需进行人工授粉。人工授粉，应注意保持花粉的活力。在1d中，以9~10时，15~16时给雌花授粉效果最佳。

核桃属异花授粉果树，风媒传粉、人工辅助授粉可以提高坐果率，增加产量。自然授粉受自然条件的限制，每年坐果情况差别很大。幼树最初几年只开雌花，3~4年以后才出现雄花。少数进入结果盛期的无性系核桃园，也多缺乏配置授粉树。此外，由于受不良气象因素，如低温、降雨、大风、霜冻等的影响，雄花散粉也会受到阻碍。实践证明，即使在正常气候情况下，实行人工辅助授粉也能提高坐果率。

花粉的采集及稀释：从当地健壮树上采集基部小花开始散粉的粗壮雄花序，放在室内或无太阳直射的院内摊开晾干，保持16~20℃，室内可放在热炕上保持20~25℃，待大部雄花开始散粉时，筛出花粉，装瓶，置于2~5℃低温条件下备用。据河北农业大学试验，465kg雄花序，阴干后可出花粉5.3kg。按蔸授花粉的方法计算，平均每株授粉2.8g，可作为计划采集雄花序和花粉用量的参考。瓶装贮存花粉必须注意通气，过于密闭会发霉，降低授粉效果。为了便于授粉，可将原粉稀释，以1份花粉加10份淀粉（粉面）混合拌匀。

授粉适期：根据雌花开放特点，授粉最佳时期是柱头呈倒八字张开，分泌黏液最多时，一般只有2~3d。

授粉方法：可用双层纱布袋，内装稀释好的花粉，进行人工抖授。也可配成花粉水悬液1：5 000进行喷授，两者效果差别不大。

疏雄时间：当核桃雄花芽膨大时去雄效果最佳，在3月下旬至4月上旬（春分至谷雨）。

疏雄的方法主要是用手指抹去或用木钩去掉。疏雄量一般以疏除全树雄花芽的70%~90%较为适宜。

有些核桃品种或类型不需授粉，也能正常结出有生命力的种子，这种现象称为孤雌生殖。

（二）核桃果实发育特性

在同一结果母枝上，以顶芽及其以下1~2个腋花芽结果最好。结果枝坐果的多少，与品种特性、营养状况和所处部位的光照条件有关。一般1个果序可结1~2个果，也可着生3果或多果及枇杷状坐果。着生于树冠外围的结果枝结实好，光照条件好的内膛结果枝也能结实。健壮的结果枝在结果的当年，还可形成混合芽。坐果枝中有 96.2% 于当年继续形成混合芽，而落果枝中能形成混合芽的只占 30.2%。这说明核桃结果枝具有连续结实的能力。核桃树喜光与合轴分枝的习性有关，随着树龄的增长，结果部位迅速外移，果实产量集中于树冠表层。

早实核桃的 2 次雌花常能结果，所结果实多呈一序多果穗状排列。

从雌花柱头枯萎到总苞变黄开裂、坚果成熟的整个过程，称为果实发育期。此期的长短因生态条件的变化而异，一般南方为 170d 左右，北方为 120d 左右。核桃果实发育大体可分为 4 个时期（以中部产区为例）。

1. 果实速生期

一般在 5 月初至 6 月初，30～35d，是果实生长最快的时期，其体积生长量约占全年总生长量的 90%，重量则占 70% 左右，日平均绝对生长量达 1mm 以上（图 11－9）。

2. 果壳硬化期

亦称硬核期。6 月初到 7 月初，约 35d，坚果核壳自果顶向基部逐渐变硬。种仁由浆状物变成嫩白核仁，营养物质也迅速积累。至此，果实大小已基本定型（图 11－10）。

图 11－9　核桃速生期　　　　图 11－10　核桃硬化期

3. 油脂迅速转化期

7 月初至 8 月下旬，50～55d，为坚果脂肪（即油）含量迅速增加期，可由 29.24% 增加到 63.09%。同时，核仁不断充实，重量迅速增加，含水率下降，风味由甜淡变成香脆（图11-11）。

4. 果实成熟期

8月下旬至9月上旬，15d左右。果实各部分已达该品种应有的大小，坚果重量略有增加，青果皮由绿变黄；有的出现裂口，坚果易脱出。据研究，此期坚果含油量仍有较多增加，为保证品质，不宜过早采收（图11-12）。

图11-11　核桃油化期　　　图11-12　核桃成熟期

第三节　核桃建园技术

一、园地选择

核桃园地的选择直接关系到核桃生产的成败及其经济效益高低。为了达到早果、优质、丰产、高效的目的，应尽量选择地势平坦、土层深厚、土壤肥沃、背风向阳、交通便利的地方，同时要求园地具有空气清新、水质纯净、无污染的良好生态环境，远离容易产生污染物的工矿、企业及交通干线。避免在栽植过柳树、杨树的土壤上栽植核桃，以防发生根腐病；避免核桃多年连作，连作会使根结线虫等虫体密度大量增加，影响核桃的生长发育；撂荒地由于土壤肥力下降，生产性能降低，切忌选择重茬地、撂荒地。

核桃建园地气候条件如下。

1. 温度

以北纬30°~40°为核桃适宜的栽培区域。垂直分布为海拔700~1 300m的地区核桃生长结果良好。无霜期180d以上，年平均气温 8~16℃的地区均可栽植。核桃树在休眠期能耐 -20℃的低温，部分品种耐寒可达 -30℃。春季萌芽后，耐寒能力降低，如温度降到 -4~-2℃，可使新梢受冻，花期和幼果期温度降到 -2~-1℃，即受冻减产，但对成年树不会造成大的伤害。

2. 湿度

核桃树对大气湿度要求不严，在干燥的气候环境下生长结果仍然正常。但对土壤湿度则较为敏感，过旱、过湿均不利于核桃的生长结果。幼苗期水分不足时，生长停止。结果期在过旱的条件下，树势生长弱、叶片小、果实小，这种情况必须浇水。长时间晴朗而干燥的气候，能促进开花结果。核桃在排水不良、长期积水的情况下，特别是受到污染，就会产生缺氧，造成根系腐烂，甚至整株死亡。

3. 土壤

核桃对土壤适应性强，无论是丘陵、山地，还是平川，只要土层较厚、排水量好就能生长。在土壤疏松、排水良好的河谷地带，则生长更好，地下水位为 1.5m 以下，pH 值 7.0~8.2 的中性、微碱性土壤的条件下，核桃树生长良好。

4. 地形和坡向

核桃园对地形总的要求是背风向阳、空气流通、日照充足。因此，在山地栽植核桃时，应特别注意海拔高度、坡度、坡向、坡形及土层的厚薄等条件，以及核桃对光照、温度、水分等条件的适应状况。对于坡向，理论上认为阳坡、半阳坡最好，但在光照充足、没有灌溉的条件下，种植在半阴坡和半阳坡为宜。理论上来说，山体南坡较北坡温暖，春季地温上升快，日照时间长，物候期也较早。

总之，在建园时主要考虑土壤条件及小气候。建园必须具备的条件：土层厚度为 1m 以上；密植核桃园应具备必要的灌溉条件；选择核桃园要严禁重茬地；要避开风口、不通风、易积水地块。

二、品种选择

选用优良品种是核桃园设计的重要方面，栽植品种除应具有良好的商品性状外，还应注意该品种对环境条件的要求，诸如对土壤、肥力、气候条件等适应能力等，关系着各品种栽植是否适宜和建园能否成功。为此，在从外地引种之前，必须经过品种区域性试验后，方可确定栽植的主要品种。

核桃具有雌雄异熟性，风媒传粉距离短及坐果率差异较大等现象，平地建园栽植时，可按主栽品种 4~5 行，配置 1 行授粉品种；山坡梯田栽植时，可根据梯田面的宽度，配置一定比例的授粉树。主栽品种与授粉树的距离最大不宜超过 100m。主栽品种与授粉品种都应该是商品价值较高的优良品种。

在选择品种上要遵循 3 个原则。

1. 品质好

果个为 3cm 以上，外形美观，缝合线紧，不露仁；果仁白色，饱满，涩味小，可取整仁。

2. 产量高

结果要早，盛果期产量 175kg/亩以上。

3. 适合当地立地条件

在发展品种上，一个县最好仅发展 1~2 个主栽品种，防治品种混杂，降低产品等级。经核桃专家讨论后认为，早实品种仅能在肥沃、并有水浇条件的土地上栽植，其他地建园及果粮间作选晚实新品种。

三、栽树时期

各地栽植时间可根据当地的土壤、气候情况，采取春栽或秋栽均可。

1. 秋栽

秋栽是秋季苗木落叶后到土壤封冻前栽植。高海拔寒冷多风地区秋栽比春栽效果好，伤口及伤根可以愈合，翌年春季发芽早而且生长壮，成活率高。栽植后苗柱干要涂聚乙烯醇防寒，也可埋土防寒。如果秋栽不防寒，苗柱干易失水抽干，成活率低，发枝部位低。

2. 春栽

春栽是在土壤解冻后到春季苗木萌芽前（清明节前后）栽植。

冬季气温较低、冻土层很深、干旱多风的地区，多采取春栽。春栽能有效地防止秋季栽植后所栽苗木的抽条和冻害。一般在土壤解冻后抢墒及时栽植，宜早不宜迟。

核桃幼树和大树都可进行移植，只要严格技术操作，都能取得较高成活率，且树体越大生长越快，成形快，结果早。不同季节栽树成活率和生长量有明显差别。最好的季节是秋末冬初，落叶树种发芽后栽树较难成活。即"秋冬一场梦、春栽一场病、夏移要它命"。

四、栽植方法

1. 栽植密度

核桃树喜光、生长快、成形早，经济寿命长，可以适当密植。一般栽植在土壤深厚、肥力较高的条件下，株行距应大些，早实品种可采用 4m×（5~6）m，晚实品种可采用 5m×（7~8）m。对于栽植在耕地田埂，实行果粮间作的核桃园，一般株行距为 6m×12m 或 7m×14m。山地栽植密度一般株行距为 6m×12m 或 7m×14m。山地栽植以梯田面宽度为准，一般 1 个台面 1 行，台面大于 20m 的可栽 2 行，台面宽度小于 8m 时，隔台 1 行，株距一般为 5~8m；在土壤较瘠薄、肥力较差的丘陵山地，株行距应当较小些，早实品种可采用 3m×（4~5）m，或长短结合的密度，即（2~2.5）m×（4~5）m，当树冠郁闭光照不良时，可有计划地隔株间伐。

2. 挖定植穴

在栽植坑（穴）或栽植沟定植点处，挖一个 30~40cm 见方的栽填坑，并掺入 3~5kg 农家肥，或者在底部混合施入 0.1~0.2kg 磷酸二铵。

3. 栽树

核桃苗木栽植前要修剪根系，并用石硫合剂溶液浸泡蘸根处理。远途运输苗木，需在清水中浸泡一昼夜后再栽植。栽植时要把苗木摆放在定植穴的中央，填土固定，力求横竖成行。苗木栽植深度以苗木原埋土深度为准，过深则生长不良，树势衰弱；过浅容易干旱，造成死苗。苗木栽植要根据"一埋二踩三提苗"的原则，栽植时要使根系舒展，均匀分布，边填土边踩实，并将苗木轻轻摇动上提，避免根系向上翻，与土壤紧密接触，一直将土填平踩实。在树的周围做树盘，充分灌水，水完全下渗后，再于其上覆盖一层松土，并覆盖一层 1m 见方的地膜，中间略低，周围用土压紧。

五、幼树管理

建园当年，新建幼苗处于成活和根系恢复阶段，加强栽后管理，确保幼苗幼树健壮生长安全越冬是一项主要的工作。

1. 留足营养带，避免间作物争水、争肥、争光

核桃幼树期间作套种是提高土地利用率的一项有力措施。但是间作套种必须处理好与主业的关系，标准化建园栽植地块应禁止套种高秆作物和宿根系药材，间作以薯类、豆科植物为最佳；间作套种必须在树行留足 1.5m 营养带，以确保间套作物不与幼苗幼树争水、争肥、争光。

2. 加强中耕除草，促进生长

栽植当年幼苗幼树很容易被杂草掩盖，尤其是 6、7、8 月幼树高生长期，也是杂草疯长时期，加强管理，及时松土除草，避免草荒是促进苗木生长，保障建园成效的一项主要的管理内容。

3. 及时除萌，避免养分浪费

采用嫁接苗建园，要及时检查定干后造成嫁接部位以下砧木萌发新芽，应及时抹除，及时复查除萌是一项重要工作内容。

4. 核查成活，及时补栽

春季萌芽展叶后，应及时进行成活情况检查，发现未成活情况，及时补植。

5. 合理定干，促进成形

核桃新建园，要达到成园整齐，可按苗木等级和生长情况进行合理定干。定干分当年定干和次年定干两种方法，当年定干要求苗高均为 1m 以上，且生长健康，苗木定干部分充实，定干高度根据建园要求可控制 0.4～1.2m。翌年定干是苗木大部分高度未达到定干要求，可在嫁接部位以上 1～2 个芽片处进行重短截，短截

后要在发芽时及时定芽，一般情况下只要水肥充足，管理得当，第二年均可达到定植高度。

6. 加强越冬保护，防止抽条

北方寒冷地区，幼树越冬易因生理干旱而抽条，幼树越冬管理应采用压土埋苗、整袋装土、涂抹油料、缚绑报纸或塑料等措施，降低水分蒸腾，避免冬季冻害和抽条发生。

第四节　核桃优质高效生产技术

一、土肥水管理

（一）土壤管理

1. 松土、锄草

果园不同于农作物，对松土要求不严格，一般不单独进行松土。但幼树树盘必须及时松土锄草。春、夏、秋三季可结合除草进行中耕 3~5 次，深度 6~10cm 最佳。对于土壤条件较差、管理比较粗放的果园更应该中耕松土，并且深度应为 10~15cm 为宜。

2. 果园翻耕

主要针对成龄园进行。如果土壤多年不翻耕，则透气不良，理化性质差，根系发育受抑制，造成树势衰弱。果园翻耕有利于改善核桃园土壤结构、增加土壤透气性、提高土壤保水保肥能力、减少病虫害发生，有利于根系分布向深处发展，扩大树体营养吸收范围。

3. 合理间作

任何间作都必须留出足够宽的树带，幼树为 2m，初果后树冠内不得间种。树带是树体生长的基础，是管理的重点，任何时候都要求土壤疏松和干净。

间作物种类：绿肥、中药材等低秆农作物，严禁种瓜果（遭浮尘子为害），严禁种玉米等高秆作物（图 11-13）。

（二）施肥

1. 核桃树需肥特性

核桃喜肥，每生产 50kg 核桃需从土壤中吸收纯氮 1.5kg，加

图11-13　间作物大豆

上枝叶生长，丰产园每亩每年要从土壤中夺走纯氮7.5kg。结果前树以吸收氮为主，结果后必须和磷、钾肥配合，随产量增加施肥量加大。1年中前期需氮量多，中后期要配合一定量的磷、钾肥。

2.肥料种类

（1）有机肥料。主要指农家肥、绿肥，含多种营养元素，肥效长，且有改良土壤等作用。在农家肥中，禽类粪最高，依次为人粪尿、厩肥、土肥最低。

（2）化学肥料。

碳酸氢铵：含氮为17%，在作物上宜作底肥和追肥，易挥发，施用时一不离土、二不离水，在作底肥时均匀撒在地上随即翻入土中，作追肥时，特别是旱地，要距离树干50cm以上，把化肥施入5cm深的沟或穴中。在核桃树上，施碳酸氢铵必须与浇水结合，水分亏缺施肥有害无利，贮藏碳酸氢铵要阴凉干燥，水分要低于0.5%，湿产品10d内氮损失一半以上。

尿素：含氮量46%，其施后易随水流失，一般施用中要先浇水，水落后立即撒施。尿素易作旱地追肥，要穴施和沟施。

过磷酸钙：含磷量为16%~18%，通常情况下，利用率仅有10%~25%，其易被土壤固定，移动性小（在1~3cm）。在核桃树施用磷肥上，一是集中深施在根集中区；二是与有机肥混合秋季做基肥。

复合肥：在核桃树上施用硝酸磷二铵均可，与有机肥混合做基肥，穴施、沟施做追肥。比单项肥成本高、效果好。

3.施肥方法

（1）化肥施用方法。在核桃树上，化肥施用量大沟施、量小穴施。氮肥要均匀、要浅施，磷肥集中施、要深施。

（2）有机肥施用方法。常用放射沟施、环状沟施、穴状施肥和全园撒施。

4. 施肥时期及施用量

（1）施基肥。施用最佳时间是采果后至叶黄前越早越好，以9月最好，有利于伤根的愈合及后期营养积累。做基肥主要是有机肥和磷肥混合沤肥。施用量结果前为50kg/株，结果树为"斤果10kg肥"。

（2）追肥。分3次施。发芽前后施速氮促开花坐果，新梢生长；花后施速氮减少落果促花芽分化；6月下旬硬核期施磷、钾肥促果仁发育促花芽分化。3次用量一般是"斤果斤肥"。

（3）根外追肥。花期喷B9提高坐果，5—6月喷铁使树叶肥厚促光合，7—8月喷钾提高核仁品质。

施用量：基肥占全年施肥有效成分的30%，其量大肥效低，重点是改良土壤及全面营养的作用。追肥占全年肥效70%，根外追肥不能代替地下施肥。

（三）水分管理

核桃属于需水较多的树种，年降水量为600~800mm且降水均匀的地区，可以满足核桃生长发育，不需要灌水。但在降水量不足的地区或者年分布不均匀的地区，就必须在关键期进行灌水。

我国北方产区年降水量多为500mm左右，且分布不均匀，常出现春夏干旱，需灌水以补充降水不足。

1. 灌水时期

（1）春季萌芽开花期。3—4月，需水较多。此时的树体生理活动变化急剧而且迅速，1个月时间要完成萌芽、抽枝、展叶和开花等过程，需要大量的水分，才能满足树体生长发育的需要。此期如果缺水，就会严重影响新根生长、萌芽的质量、抽枝快慢和开花的整齐度。因此，每年要灌透萌芽水。

（2）开花后。5—6月，果实迅速进入速长期，其生长量约占全年生长量的80%。同时，雌花芽的分化已经开始。果实生长和花芽分化，均需要大量的水分和养分，是全年需水的关键时期。干旱时，要灌透花后水。

（3）花芽分化期。7—8月，核桃树体的生长发育比较缓慢，但是核仁的发育则刚刚开始，并且急剧且迅速，同时，花芽的分化也正处于高峰时期。通常此时正值北方的雨季，核桃树一般不需要灌水。如遇长期高温干旱的年份，则需要灌足水分，以免此期缺水，给生产造成不必要的损失。

（4）封冻水。10月末至11月落叶前，应结合秋施基肥灌足封冻水。这样，一方面可以使土壤保持良好的墒情；另一方面，此期灌水能加速秋施基肥的分解，有利于树体吸收更多的养分并进行贮藏和积累，从而提高树体新枝的抗寒性，也为越冬后树体的生长发育贮备营养。

2. 灌水方法

（1）漫灌。是一种比较粗放的灌水方法。灌水的均匀性差，水量浪费较大。

（2）渠灌。渠灌属开渠放水，水流急，水量大，渗透性好。但来得快，去得疾，易造成水土流失大。

（3）喷灌。喷灌像人工造雨，覆盖面大，持续性也不错，但喷洒不匀，渗透性差。

（4）滴灌。是目前干旱缺水地区最有效的一种节水灌溉方式，水的利用率可达95%。滴灌较喷灌具有更高的节水增产效果，同时可以结合施肥，提高肥效1倍以上。其不足之处是滴头易结垢和堵塞，因此，应对水源进行严格的过滤处理。

二、整形修剪

整形修剪是核桃早果、丰产、优质、高效生产中的一项重要措施，是在加强土、肥、水管理的基础上，在保证病虫害防治的前提下，对加快树体成形，充分、合理利用空间，调整核桃生长、结果关系有着重要作用的一项管理技术。

（一）修剪时间

核桃树修剪的时间与其他果树不同，休眠期修剪容易引起伤流，使大量水分和养分丧失，造成树势衰弱、枝条枯死，严重影响产量。所以，核桃树修剪应该在生长期间进行，即从春季萌芽以后直到秋季落叶以前均可进行。

（二）不同年龄阶段的修剪

1. 幼树整形修剪

在生产实践中，应根据品种特点、栽培密度及管理水平等确定合适的树形，做到"因树修剪，随枝造形，有形不死，无形不乱"，切不可过分强调树形。

（1）定干。应根据品种特点、土层厚度、肥力高低、间作模式等，因地因树而定。如晚实核桃结果晚，树体高大，主干可适当高些，干高可留1.5~2m。山地核桃因土壤瘠薄，肥力差，干高以1~1.2m为宜。早实核桃结果早，树体较小，主干可矮些，干高可留0.8~1.2m。土地条件好的定干可高一些，密植时干可低一些，早期密植丰产园干高可定0.2~1m。果材兼用型品种，为提高干材的利用率，干高可达3m以上。

①早实核桃定干。在定植当年发芽后，抹除要求干高以下部位的全部侧芽。如幼树生长未达定干高度，可于翌年定干。如果顶芽坏死，可选留靠近顶芽的健壮芽，促其向上生长，待到一定高度后再定干。定干时选留主枝的方法与晚实核桃相同。

②晚实核桃定干。春季萌芽后，在定干高度的上方选留1个壮芽或健壮的枝条作为第一主枝，并将以下枝、芽全部剪除。如果幼树生长过旺，分枝时间推迟，为控制干高，可在要求干高的上方适当部位进行短截，促使剪口芽萌发，然后选留第一主枝。

（2）培养树形。核桃树形主要有疏散分层形和自然开心形两种。

①疏散分层形。树形一般有6~7个主枝，分2~3层配置。第一层主枝在定干高度以上选留3个不同方位（水平夹角约120°），生长健壮的枝条或已萌发的壮芽，培养成第一层主枝，枝基角不小于60°，层内两主枝间的距离不小于20cm，其余枝条全部除掉。4~5年生的早实核桃已出现壮枝时，开始选留第二层主枝，一般选留1~2个，同时，在第一层主枝上的合适位置选留侧枝。第一个侧枝距主枝基部的距离早实核桃为40~50cm。一级侧枝留1~2个。如果只留两层主枝，第一层和第二层之间的间距为1.5m左右。此后1~2年时，继续培养第一层主、侧枝和选留第二层主枝上的侧枝。7~8年生时，选留第三层主枝1~2个，第三层与第二

层主枝间距为 1.5m 左右，并从最上的主枝的上方落头开心，整个
树形骨架已基本形成。

②自然开心形。一般有 3 个主枝，早实核桃 3 年生时，在定干
高度（早实核桃为 0.6m，晚实核桃为 0.8 ~ 1m）以上按不同方位
留出 2 ~ 4 个枝条或已萌发的壮芽做主枝。各主枝基部的垂直距离
一般 20 ~ 40cm，主枝可 1 次或 2 次选留，各相邻主枝间的水平距
离（或夹角）应一致或很相近，且长势要一致。每个主枝可留 3
个左右侧枝，上下左右要错开，分布要均匀。第一侧枝距离主干
基部的距离为 0.8m 左右。第一主枝一级侧枝上的二级侧枝数 1 ~ 2
个；第二主枝的一级侧枝数 2 ~ 3 个。第二主枝上的侧枝与第一主
枝上的侧枝间距为 0.8m 左右。

核桃幼树修剪应充分利用顶端优势，用高截、低留的定干整
形法。促使幼树多发枝，尽快形成骨架，为丰产打下坚实的基础，
达到早成形、早结果的目的。

（3）核桃幼树的修剪方法。因各品种生长发育特点的不同而
异，其具体方法有以下几种。

①控制二次枝。早实核桃在幼龄阶段抽生二次枝是普遍现象。
由于二次枝抽生晚，生长旺，组织不充实，在北方冬季易发生抽
条现象，必须进行控制二次枝。若二次枝生长过旺，可在枝条未
木质化之前，从基部剪除。凡在 1 个结果枝上抽生 3 个以上的二次
枝，可于早期选留 1 ~ 2 个健壮枝，其余全部疏除。在夏季，对选
留的二次枝，如生长过旺，要进行摘心，控制其向外伸展。如 1 个
结果枝只抽生 1 个二次枝，生长势较强，于春季或夏季将其短截，
以促发分枝，培养结果枝组。短截强度以中、轻度为宜。

②利用徒长枝。早实核桃由于结果早、果枝率高、花果量大、
养分消耗过多，常常造成新枝不能形成混合芽或营养芽，以至于第
二年无法抽发新枝，而其基部的潜伏芽会萌发成徒长枝。这种徒长
枝第二年就能抽生 5 ~ 10 个结果枝，最多可达 30 个。这些果枝由顶
部向基部生长势渐弱，枝条变短，只能看到雌花。第三年中下部的
小枝多干枯脱落，出现光秃带，结果部位向枝顶推移，易造成枝条
下垂。必须采取夏季摘心法或短截法，促使徒长枝的中下部果枝生
长健壮，达到充分利用粗壮徒长枝培养健壮结果枝组的目的。

③处理好旺盛营养枝。对生长旺盛的长枝，以长放或轻剪为

宜。修剪越轻，总发枝量、果枝量和坐果数就越多，二次枝数量就越少。

④疏除过密枝和处理好背下枝。早实核桃枝量大，易造成树冠内膛枝多、密度过大，不利于通风透光。对此，应按照去弱留强的原则，及时疏除过密的枝条。背下枝多着生在母枝先端背下，春季萌发早，生长旺盛，竞争力强，容易使原枝头变弱，而形成"倒拉"现象，甚至造成原枝头枯死（图 11 - 14）。可以采取一定的方法进行处理。

图 11 - 14　倒拉枝

处理方法：在萌芽后或枝条伸长初期剪除。如果原母枝变弱或分枝角度过小，可利用背下枝或斜上枝代替原枝头，将原枝头剪除或培养成结果枝组。如果背下枝生长势中等，并已形成混合芽，则可保留其结果。如果背下枝生长健壮，结果后可在适当分枝处回缩，培养成小型结果枝。

2. **盛果期树的修剪**

（1）干枝和外围枝的修剪。及时回缩交叉的骨干枝，对过弱的骨干枝回缩到斜上生长的生长较好的侧枝上，以利抬高延长枝角度。对树高达到 3.5m 左右的及时落头。按去强留弱原则，疏除过密外围枝，对有可能利用空间的，可适当短截。

（2）结果枝组的培养。培养方法有先放后缩、先截后放、辅养枝改造 3 种。

①先放后缩。对 1 年生壮枝进行长放、拉枝，一般能抽生 10 多个果枝新梢，第二年进行回缩，培养成结果枝组。这种修剪方法利于早结果，但此法易结果部位外移，内部光秃，所以在生产实践中多采用先截后放。

②先截后放。在空间较大，培养大型结果枝组时，先对 1 年生壮枝中短截，第二年疏去前端的 1～2 个壮枝，其他枝长放，从而培养成结果枝组。也可在 6 月上旬进行新梢摘心，促使分枝，冬剪

时再回缩，1年即可培养成结果枝组。这种修剪方法利于促进枝条的形成。

③辅养枝改造。对有空间的辅养枝，当辅养作用完成后，可通过回缩方法培养成大型枝组，一般采用先放后缩的办法，枝组的位置以背斜枝为好。背上只留小型枝组，不留背后枝组。枝组间距离控制为60～80cm。

（3）结果枝组的修剪。结果枝组形成后，每年都应不同程度地短截部分中长结果母枝，控制留果量，防止大小年现象，及时疏除过密枝、细弱枝和部分雄花枝，直立生长的结果枝组剪留不能过高，留枝要少，3～5个即可，将其控制在一定范围内，以防扩展过大影响主、侧枝生长。斜生枝组如空间较大时，可适当多留枝，充分利用空间，及时采用回缩和疏剪的方法，去下留上，去弱留壮，更新结果母枝，使其始终保持生长健壮，防止内膛秃裸，结果部位外移。

（4）背后枝处理。核桃树大量结果后，背上枝生长变弱，背后枝生长变旺，形成主、侧枝头"倒拉"的夺头现象。若原枝头开张角度小，可将原头剪掉，让背后枝取代；若原头开张角度适宜或较大时，要及时回缩或疏除背后枝。

图11－15　背上直立

（5）徒长枝处理（图11－15）。徒长枝在结果初期一般不留，以免扰乱树形；在盛果期，有空间时适当选留，及早采取短截、摘心等方法，改造成枝组。而对辽核4号这样的品种，对上部徒长枝应及时疏除。

（6）二次枝处理。良种核桃易形成二次枝，由于二次枝抽枝晚、生长旺、枝条不充实，基部很长一段无芽，成光秃带，应及时处理。当有空间时，应去弱留强，并在6—7月摘心，控制旺长，促其形成结果母枝，无空间时及时疏除。

三、核桃采收及采后处理技术

(一) 采收

1. 采收适期

为白露节前后。外部特征为青果皮由绿变黄, 部分顶部开裂, 青皮易剥离。内部特征是种仁饱满, 幼胚成熟, 子叶变硬, 风味香浓。若采收时遇雨可延迟数日采收, 否则青果皮无法脱皮, 坚果不能及时晾晒。

2. 采收方法

分人工采收法和机械振动采收法两种。人工采收法是在核桃成熟时, 用有弹性的长杆, 自上而下, 由内向外顺枝敲击, 较费力费工。机械振动法是采收前 10~20d, 在树上喷布 500~600mg/L乙烯利催熟, 然后用机械振动树干, 将果实振落到地面。此法优点是青皮易剥离, 果面污染轻; 缺点是用乙烯利催熟, 会造成叶片大量早期脱落而削弱树势。

(二) 脱青皮

在生产中核桃脱青皮的主要方法有堆沤脱皮法、药剂脱皮法、核桃青皮剥离机 3 种。

1. 堆沤脱皮法

这是我国传统的核桃脱皮方法。其技术要点: 果实采收后及时运到室外阴凉处或室内, 切忌在阳光下暴晒, 然后按 50cm 左右的厚度堆成堆 (堆积过厚易腐烂)。若在果堆上加一层 10cm 左右厚的干草或干树叶, 则可提高堆内温度, 促进果实后熟, 加快脱皮速度。一般堆沤 3~5d, 当青果皮离壳或开裂达 50% 以上时, 即可用棍敲击脱皮。对未脱皮者可再堆沤数日, 直到全部脱皮为止。堆沤时切勿使青皮变黑, 甚至腐烂, 以免污液渗入壳内污染种仁, 降低坚果品质和商品价值。

2. 药剂脱皮法

主要是用乙烯利催熟脱皮技术, 其具体做法: 果实采收后, 在浓度为 0.3%~0.5% 乙烯利溶液中浸蘸约 0.5min, 再按 50cm 左右的厚度堆在阴凉处或室内, 在温度为 30℃、相对湿度 80%~

95%的条件下，经5d左右，离皮率可高达95%以上。2d左右即可离皮。乙烯利催熟时间长短和用药浓度大小与果实成熟度有关。果实成熟度高，用药浓度低，催熟时期也短。

3. 核桃青皮剥离机法

这是目前生产中主要脱皮方法。核桃脱青皮一般采用机械脱皮处理，青皮剥离净率88%，机械损伤率1%，生产率每小时1216kg。该机加工后核桃外观洁净。

（三）漂洗

核桃脱青皮后，先进行清水洗涤，清除坚果表皮面上残留的烂皮、泥土和其他污染物，以提高坚果的外观品质和商品价值。如有必要，特别是用于出口外销的坚果洗涤后还需漂白。用漂白粉漂洗时，先把0.5kg漂白粉加温水3~4kg化开，滤去残渣，然后在陶瓷缸内对清水30~40kg配成漂白液，再将洗好的坚果放入漂白液中，搅拌8~10min，当壳面变白时，捞出后清洗干净，晾干。此法只能漂白脱皮的湿核桃，不能用于晾干的核桃，因干核桃基部微管束收缩，水易浸入果内，使种仁变色，甚至腐烂。

（四）晾晒

核桃坚果漂洗后，不可在阳光下暴晒，以免核壳破裂，核仁变质。洗好的坚果应先在竹箔或高粱秸箔上阴干半天，待大部分水分蒸发后再摊放在芦席或竹箔上晾晒。坚果摊放厚度不超过2层果。注意避免雨淋和晚上受潮，一般5~7d即可晾干。

（五）果实贮藏

1. 贮藏条件

贮藏场所应清洁卫生，不与有毒有害物品混存混放。一般长期贮存的核桃坚果要求含水量不超过7%。核桃一般的贮藏温度应低于5℃，适宜的贮藏温度为1~3℃，相对湿度为75%~80%。

2. 贮藏方法

（1）室内贮藏。贮藏用的核桃，必须达到一定的干燥程度，以晒到仁、壳由白色变为金黄色、隔膜易于折断、内种皮不易和种仁分离、种仁切面色泽一致时为宜。短期少量贮藏时，可将晾干的核桃装入布袋、麻袋或筐内，放在通风、冷凉、干燥的室内贮藏，并定期检查，注意防止发生霉烂、虫害和"返油"现象。

（2）低温贮藏。长期贮存应有低温条件。少量贮藏可将坚果封人聚乙烯袋中，贮于0~5℃冰箱中，可保存良好品质2年以上。大量贮存可用麻袋包装，贮存在－1℃的低温冷库中。为防止贮藏过程中发生鼠害和虫害，可用溴甲烷（40~56g/m³）熏蒸库房4~10h，或用二硫化碳（40.5g/m³）密闭库房18~24h。

（3）塑料薄膜帐贮藏法。选用0.2~0.23mm厚的聚乙烯膜做成帐，帐的大小和形状可根据贮存数量和仓储条件设置。然后将晾干的核桃封于帐内贮藏，帐内氧气保持2%以下。北方冬季气温低，空气干燥，秋季入帐的核桃不需立即密封，待翌年2月下旬气温逐渐回升时再进行密封。密封应选择低温、干燥的天气进行，使帐内空气相对湿度不高于50%~60%，这样既可防止种仁脂肪氧化变质，又能防止核桃发霉和生虫。南方秋末冬初气温高，空气湿度大，核桃入帐时必须加吸湿剂，并尽量降低贮藏室内的温度。春末夏初，气温上升时，在密封的帐内配合充二氧化碳或充氮降氧法，既能抑制核桃呼吸，减少损耗，又可防止霉烂。

第十二章　柿

柿树在我国栽培历史悠久，是一种寿命长、收益大、果材兼用的果树。柿具有早实、丰产、适应性强的特点。柿果可鲜食、加工柿饼，营养价值很高，还是制醋、酿酒的良好原料。因此，是群众喜爱的果树。

第一节　柿主栽品种及生长结果习性

一、主栽品种

柿的品种很多，依其果实在树上能否自然脱涩可分为涩柿和甜柿两大类。

（一）涩柿

1. 磨盘柿

图 12 - 1　磨盘柿

磨盘柿又名盖柿、宝盖柿、腰带柿等（图 12 - 1）。

果中大，平均果重 225g，扁圆形，近蒂部有缢痕 1 条，似盖子或磨盘状，故名。果面橙黄色，微有果粉。果肉淡黄色，脱涩后，味甜多汁，品质佳，无核。9 月下旬至 10 月下旬成熟。最宜生食，也可制饼，但因含水分多，不易干燥，出饼率低。本品种性喜肥沃，单性结果率强，生理落果少，抗旱、抗寒。

2. 于都盒柿

于都盒柿（图 12 -2）产于江西于都、兴国等县。

树冠高大开张。果大，平均重 300g。扁方形，橙红色。皮薄、肉质致密，纤维少，汁多，味浓甜，含糖 20% 以上。10 月上旬成熟，宜生食。

3. 铜盆柿

铜盆柿（图 12-3）产江苏宜兴一带。

果中大，扁圆形，重约 280g。果顶平，顶点稍凹，白果顶射出浅斜沟和纵沟共 6 条。果面橙黄，肉鲜、橙黄色，质致密，纤维少，无核。10 月上旬成熟。

图 12-2　于都盒柿

图 12-3　铜盆柿

4. 牛心柿

牛心柿（图 12-4）产于广东、广西壮族自治区一带。果为心脏形，向顶部渐尖，横断面方形。重 110～120g。果面橙黄色，稍有白蜡粉。肉红色，汁多、味甜。9 月下旬至 10 月成熟，宜生食。

（二）甜柿

1. 富有柿

富有柿原产日本，为目前甜柿中最优良的品种。其果形扁圆，顶部稍平，蒂部稍凹，重 250g。果皮红黄色，完熟后则为浓红色。果肉柔软致密，甘味浓，汁多，风味佳。种子 2～3 个。在树上能自行脱涩，9 月下旬可采收，但以 11 月果完熟为采收适期。单性结实力弱，不受精者易落果。故栽培时须配置有雄花的授粉品种或行人工授粉。

2. 甜柿

我国湖北罗田的甜柿、广东番禺的斯文柿、日本的次郎柿

（图 12 - 5）均属甜柿。

图 12 - 4　牛心柿

图 12 - 5　次郎柿

二、生长结果习性

柿树为高大乔木。一般嫁接后 5 ~ 6 年结果，15 年后进入盛果期，寿命长，经济寿命可达百年以上。在密植条件下，嫁接苗 2 ~ 3 年开始结果，5 ~ 6 年进入盛果期。

（一）根系

柿树根系因砧木不同而有差异。柿砧主根发达，细根较少，根层分布较深，耐寒性弱，但较耐湿，不宜在北方栽培。君迁子砧根系分布浅，细根多，侧根伸展远，根系大部分分布为 10 ~ 40cm 土层中，但垂直根可达 3 ~ 4m。由于根系强大，吸水、吸肥能力强。所以，用君迁子作砧木抗旱、耐寒、耐瘠薄，适宜北方栽培。其吸收根全年有 2 次发生高峰，第一次在 5 月下旬至 6 月中下旬，第二次在 7 月中下旬至 8 月上旬。

柿根单宁含量多，在苗木春季枝接时，易从伤口溢出单宁物质，并氧化形成隔离层，嫁接不易成活，应先剪砧"放水"，15 ~ 20d 后再嫁接。根系受伤后难愈合，发根也较难，移植后树势恢复很慢。因此，在柿树移植时尽量多保留根系，运输途中切勿使根系干燥；否则，移栽成活率低，树势恢复慢。

（二）芽

柿枝条在其生长后期，顶端幼尖自行枯萎并脱落。因此，柿树枝条没有真正的顶芽。所谓的"顶芽"，实际上是枝条顶端第一侧芽，即伪顶芽。

柿树的芽有花芽、叶芽、潜伏芽和副芽4种。

1. 花芽

花芽为混合芽，肥大饱满，着生在结果母枝的顶端及以下1～3节位；第二年春季萌发，抽生成结果枝，在结果枝上开花结果。

2. 叶芽

叶芽较花芽瘦小，着生于结果母枝的中下部或发育枝的顶端及叶腋间，萌发后形成发育枝。

3. 潜伏芽

潜伏芽着生于枝条的下部，很小，芽片平滑，平时不萌发，寿命较长，可达10年左右；受刺激后可以萌发，并能抽生出较壮的枝条。

4. 副芽

在枝条基部两侧的鳞片下，有1对呈潜伏状态的副芽，大而明显，一般不萌发，一旦萌发，则形成健壮的枝条。副芽是预备枝和徒长枝的主要来源，也是老树更新、重新形成树冠的基础。

（三）枝条

柿树枝条一般可分为结果枝、结果母枝、发育枝和徒长枝4种。

幼树及生长势强的植株，每年除春季抽梢外，夏季也能抽生2～3次梢。成年树每年仅抽春梢，生长期短，枝梢长约20cm。

1. 发育枝

由叶芽、潜伏芽或发育枝副芽萌发而成。发育枝长短不一致，长者可达40～50cm，短者只有3～5cm；一般10cm以下的为细弱枝条，它不能形成花芽，影响光照并消耗养分，修剪时应及时疏除。

2. 徒长枝

由潜伏芽或副芽萌发形成的直立枝条，俗称水娃枝或水枝。生长过旺，叶片大、节间长、不充实，通常直立向上生长，长度可达100cm以上，多是由直立发育枝的顶芽或大枝上的潜伏芽、副芽受到刺激形成的。柿新梢顶端有自枯现象，呈假轴分枝，其顶芽是第一侧芽发育而成。

3. 结果枝

柿树的结果母枝生长势较强，一般长度 10～30cm，多着生于 2 年生枝的中上部。结果枝是结果母枝上的花芽萌发后抽生的当年能开花结果的新梢，着生于结果母枝的顶部 2～3 节。结果枝中部数节开花结果，其叶腋间不再着生芽而成为盲节。在生长旺盛的树上结果枝顶端也能形成花芽，成为下一年的结果母枝。

4. 结果母枝

指着生混合芽、第二年萌发后能抽生结果枝的枝条。它生长势较强，一般长度 10～30cm，多着生于 2 年生枝的中上部。结果枝是花芽萌发后抽生的当年能开花结果的新梢，着生于结果母枝的顶端及以下 2～3 节。结果枝中部数节开花结果，其叶腋间不再着生芽而成为盲节。在生长旺盛的树上结果枝顶端也能形成花芽，成为下一年的结果母枝。

（四）开花结果

柿是多性花果树，有雌花（图 12－6）、雄花（图 12－7）和两性花。

图 12－6 柿的雌花　　　　　图 12－7 柿的雄花

1. 雌花

柿树雌花单生，雄蕊退化，多连续着生在结果枝第 3～8 节叶腋间；一个结果枝上通常着生 4～5 朵，多者 10 余朵，少者 1～3 朵。结果枝着生花朵得多少，与结果母枝的强弱和结果枝着生的位置有关。柿树具有壮枝结果习性，健壮的结果母枝萌生的结果枝也壮，着生的雌花也多；反之，生长势弱的结果母枝抽生的结果枝也弱，着生雌花也少。柿雌花可单性结实。

2. 雄花

柿雄花只有雄蕊，雌蕊退化，花呈吊钟状，簇生成序，每序1～4朵，多着生于细弱的1年生枝萌发的新梢上。

3. 两性花

为完全花，花内有雌蕊和雄蕊，但结实率很低，果实很小。

以上3种花因品种不同而形成3种类型的树，即雌株、雌雄异花同株和雌雄杂株3种类型。在同一株柿树上，仅着生雌花的叫雌株，我国的栽培品种绝大多数属于此种类型；在同一株植树上既着生雌花又着生雄花的叫雌雄异花同株，我国栽培的树很少属于这种类型；在一株柿树上同时着生雌花、雄花和两性花的叫雌雄杂株，这种类型多见于野生柿树。

第二节　柿树整形修剪技术

一、幼树整形

根据柿树生长结果特性，常采用疏散分层形、自然半圆形和自然开心形。柿幼树生长旺盛，顶芽生长力强，有明显层性，分枝角度小。修剪的主要任务是搭好骨架，整好树形，促进营养生长，适当多留辅养枝，夏季摘心，促生结果母枝，为早期丰产打下基础。具体方法如下。

1. 疏散分层形（图12-8）

定植后长势健壮的苗木可于距地面1.2m左右剪截定干；生长一般或偏弱的可以不加修剪，任其自然地生长。

（1）一年后。在顶部选留直立向上的壮枝作中心干，并进行短截，剪留长度为枝条原长度的2/3～3/4。从分枝中选3个生长比较健壮，方向、位置、角度合适的枝条作为第一层主枝，剪留长度40～60cm，剪口芽留外芽，3个主枝间的水平角度为120°。其他的枝条在不影响整形的情况下尽量保留，以增加枝叶量，辅养树体过密或过强的枝条要及时剪除。

图 12－8　疏散分层形

（2）栽后 2～3 年。在中心干上距第一层主枝 100cm 左右的地方选留第二层主枝，并在第一层主枝上选留和培养 1～2 个侧枝。

（3）栽后 4～5 年。可在距第二层主枝 70cm 处选留第三层主枝，同时在各主枝的适当位置培养和选留侧枝，在各层之间和主侧枝上留辅养枝和结果枝组。经过 5～6 年的选留和培养可以基本成形。

2. 自然半圆形

定植后春季发芽前，于距地面 1m 左右的地方剪截定干，以后每年冬剪时，将中心干剪留 30～40cm；从中心干分枝中选方向好、角度好的健壮枝条作为主枝培养，剪留长度一般为 40～60cm，或为原枝条长的 2/3。

2～3 年后，即可在中心干上培养出 3～5 个错落生长、方位理想的主枝。为了开张角度，防止抱头生长，幼树中心干可暂时保留，但要用重短截或促其成花结果等方法控制生长。当树冠初步形成后，将中心干从基部锯掉。在选留和培养主枝的同时，要按树形的要求培养侧枝，每个主枝一般要留 2～3 个侧枝。相邻的两侧枝之间要保持 50～60cm 的距离，并分别排列在主枝的两侧。侧枝与主枝的分枝角度为 50°左右，最好是背斜侧。在主枝和侧枝上培养辅养枝和结果枝组。

3. 自然开心形

柿子树一般按自然开心形进行整形修剪，其树体结构为：干高 30～60cm，主枝以 3 个为宜，第一主枝与第二主枝的间距为 30cm 左右，第二主枝与第三主枝的间距在 20cm 以上。在果树生长期主要做好除萌、扭梢和摘心工作。除萌即自结果母枝发生多数结果枝时，留中部所生结果枝 2 个，其他早行除萌。对生长在适当位置须保留的徒长性枝条，在其长至 30cm 左右，其基部尚未硬化时，将其基部扭曲，抑制其徒长，并在 6 月中旬对其进行摘心，使其抽生结果枝条。在果树休眠期主要疏除密生枝、剪去病虫枝、交叉枝和重叠枝，短截和回缩下垂枝衰弱枝条。

二、成年树修剪

1. 夏季修剪

（1）摘心。生长期在新梢长度达 40~50cm 时进行摘心，摘心数次，于 7 月底停止摘心。

（2）剪梢。7 月中旬到 9 月中旬，对生长过旺的夏秋梢和树冠内影响通风透光的枝梢适当剪除。

2. 冬季修剪

（1）密生枝。疏剪部分过密枝，或将过密枝留基部 2 个芽进行短剪，以促使生长成为新枝。

（2）结果枝。柿树结果枝结果后大多不能形成结果母枝，一般回缩到下部的发育枝处或从基部重短截，来年形成结果枝，过密的疏除，疏除后可刺激副芽萌发形成结果枝。

（3）结果母枝。通常结果母枝近顶端 2~3 个芽，均为混合芽，萌发后可生成结果枝，修剪时，一般不短截。若结果母枝基部有营养枝，可将上部已经结果的部分剪除，使基部营养枝成为来年新的结果母枝。

（4）徒长枝。对于无利用空间的徒长枝，尽早从基部剪除。

第三节　柿优质高效栽培技术

一、定植

（一）定植时期

柿子在落叶后至萌芽前定植，即从 11 月中旬至翌年 4 月初均可定植，秋植比春植好。

（二）栽植密度

栽植密度依地势土壤、品种、砧木、栽培管理等而有不同。通常坡地、瘠地涩柿 5m×6m，甜柿 4m×5m；肥沃平地涩柿 6m×7m，甜柿 5m×6m。

二、土肥水管理

（一）土壤管理

柿园全年可中耕除草 3 ~ 4 次。秋末进行扩穴施基肥改土，但因柿树伤口难愈合，中耕时树冠下只能浅锄，尽量少伤根。

（二）土壤施肥

1. 基肥

9—10 月施基肥，每株施堆肥 50kg，饼肥 1.5kg，钙镁磷肥 1kg。

2. 追肥

（1）幼树。3—7 月，每月施 1 次肥，每次每株尿素 50g，或粪水 5kg，施肥时离树 30 ~ 40cm。

（2）成年树。花前肥：每株施尿素 0.2 ~ 0.3kg，过磷酸钙 0.5 ~ 0.75kg。稳果肥：谢花后即 4 月底 5 月初施复合肥 0.5 ~ 1kg + 钾肥 0.5kg，促进果实发育。方法：沿滴水线开浅环沟，施后覆土，最好能树盘盖草。

（3）壮果肥。7—8 月是果实迅速膨大和花芽分化期，施肥对促使果实生长、提高品质、促进花芽分化很重要。施肥方法同上，但天旱时要结合灌溉或淋水肥。另外，早春根据发芽状况，如花多芽多、长势偏弱的可在新梢自枯以后至开花前施用少量速效氮肥，有利于花芽分化，但此次肥不宜过早，用量不可过多，否则刺激新梢旺长，导致落花落果。采后肥：每株施尿素 0.3kg，过磷酸钙 1kg，饼肥 2kg。

（三）水分管理

柿树耐湿，但怕渍水，要注意开沟排水。

三、花果管理

（一）保花保果

1. 刻伤保花

刻伤保花常用的方法有环割。

（1）环割。在小寒至大寒对柿树主茎或分枝的韧皮部（树皮）

用环割刀或电工刀进行环割一圈或数圈。经环割后，可促进花芽分化；其方法可采取错位对口环割 2 个半圈（2 个半圈相隔 10cm），也可采用螺旋形环割，环割深度以不伤木质部为度。

（2）环剥。在清明前后可对柿树主茎进行环剥，在主枝或侧枝上进行环剥促花，环剥宽度一般为被剥枝粗度的 1/10～1/7，剥后及时用聚乙烯薄膜纸把环剥口包扎好，以保持伤口清洁和促进愈合。环割后约 10d 即生效。

2. 喷药保果

在盛花期喷一次 0.2% 硼砂或芸薹素 12 000 倍液，能提高坐果率 30% 左右；在盛花期和幼果期喷 800 倍液聚糖果乐，对提高坐果率效果明显。为防止幼树抽发夏梢造成落果，可在夏梢抽发前 7～10d，用 15% 多效唑 150～250 倍液叶面喷洒，可削弱枝梢长势，提高坐果率。

3. 合理施肥

柿子追肥不能过早。一般在 5 月枝条枯顶期和 7 月果实膨大期追肥，这两次肥对提高坐果率有明显的促进作用，并且还可以增加下一年的花芽数量和提高花芽质量。

4. 防治病虫害

柿圆斑病、柿蒂虫和柿绵蚧等严重影响柿树的坐果率。可于发芽前喷 3～5 波美度石硫合剂或 5% 的柴油乳剂，效果显著，再于 6 月喷 1 次功夫 2 000 倍外加百菌清可湿性粉剂 600～800 倍液，对防治病虫害有重要的意义。

（二）疏花疏果

柿可进行适当的疏蕾、疏花与疏果。一般结果枝中段所结的果实较大，成熟期早且着色好，糖度也高。因此，在疏蕾疏花时，结果枝先端部及晚花需全部疏除，并列的花蕾除去 1 个，只留结果枝基部到中部 1～2 个花蕾，其余疏去。疏蕾时期掌握在花蕾能被手指捻下为适期。疏果在生理落果结束时即可进行，把发育差、萼片受伤的畸形果、病虫害果及向上着生易受日灼的果实全部疏除。疏果程度须与枝条叶片数配合，叶、果比例一般掌握在 15∶1。

第十三章　枣

枣树在我国栽培历史悠久，具有适应性强、分布广、栽培省工、结果早，收益快等特点。对绿化荒山，保持水土，防风固沙，改造生态环境都具有重要的作用。枣果用途广泛，既可鲜食、制干，也可加工成蜜饯，是蜜饯、干制的好原料。枣也是许多保健品的主要原料。因此，是群众喜爱的果树。

第一节　枣主栽品种及生长结果习性

一、优良枣品种

枣为鼠李科（Rhamnaceae）枣属（*Ziziphus Miu.*）植物。原产于我国黄河流域，起源于酸枣，主要分布在陕西、山西、山东、河北、河南等省。是我国果树栽培中历史最久的果树之一，也是我国重要的特有果树。

（一）鲜食品种

1. 梨枣

主要分布于山西运城地区，过去多零星栽培，后引种到全国各地。

果实（图 13 - 1）近卵圆形或椭圆形，平均单果重30g左右，果面不很平整，果皮薄，果肉厚，白色。肉质松脆，汁多味甜。鲜枣含糖量27.9%，可食率97.3%，鲜食品质中上等。9月下旬成熟。

该品种丰产稳产，当年生枣结果能力很强，喜肥沃土地，要求高水肥和精细管理，适于矮化密植栽培。易裂果，不抗炭疽病。

2. 冬枣

主要分布于山东滨州、德州、聊城等地，果实（图 13 - 2）近圆形，果面平整光洁，平均单果重 12～13g，大小较整齐，果肉绿白色，细嫩多汁，甜味。可食率 97.1%，成熟期在 10 月中旬。

图 13-1　梨枣　　　　　　　　图 13-2　冬枣

品种适应性强，果实成熟晚，品质极上，为优良的鲜食晚熟品种，易遭受绿盲蝽象为害，需要精心管理，否则不易坐果。

（二）鲜食制干兼用品种

1. 金丝小枣

主要分布于山东乐陵、庆云、无棣及河北的交河、献县等地。将该品种的果实晒至半干，掰开果肉，可拉出 6～7cm 长的金黄色细丝，故名"金丝小枣"。果实较小，椭圆形或倒卵形，单果重达 4～6g，果皮薄、核小，肉质厚、致密细脆，汁液中多，味极甜，清香，鲜枣可溶性固形物 34%～38%，可食率 95%～97%，制干率 55%～58%。制干红枣肉质细，果形饱满，富有弹性，含总糖 74%～80%，耐储运，品质上等，为优良的鲜食和制干兼用品种。成熟期在 9 月下旬至 10 月上旬。

金丝小枣喜肥沃的壤质土或黏壤土，较耐盐碱，不耐瘠薄，抗旱，喜深厚肥沃土壤。抗铁皮病，果实成熟期遇雨易裂果。能适应 pH 值 8.5 的条件下生长，沙地及山岭薄地或砂质土壤上生长弱，产量低、品质差。

2. 赞皇大枣

主要分布于河北赞皇县，果实中大，长圆形或椭圆形，单果重 14～15g，大小整齐。果面光滑，皮厚，暗红色带有黑斑，果肉致密质细，汁液中等，味甜略酸，风味中上等，干制红枣果形饱满，有弹性，耐贮运，品质上等。果实 9 月中下旬成熟，树势中庸，树冠较稀。早结果，丰产稳产。适应性强，耐瘠耐旱，抗涝性较强，不裂果，但白花结实性较差，栽植时需要配置授粉品种。

3. 骏枣

主要分布于山西省交城县，果实大，长倒卵形、圆柱形，单果重 22 ~ 25g，最大果重 36g，大小不均匀。果面光滑，果皮薄，果肉厚，质地略松脆，汁液中多，品质上等，宜制干、加工酒枣或蜜枣，果实 9 月下旬成熟，树势强旺，适应性强，耐旱、耐涝、耐盐碱，较丰产；有采前落果现象，近成熟期遇雨易裂果，贮运性能较差。

（三）制干品种

1. 圆铃枣

又名紫枣、紫铃枣等，主要分布于山东聊城、德州、泰安、济宁等地，果实中等大，圆形或近圆形，单果重 11g 左右，最大果重 25g。果皮厚，紫红色，韧性强，果肉厚，质地紧密，汁液较少，果核较大，短纺锤形。鲜枣含糖量 33%，可食率 95% 以上，制干率 60% ~ 62%。成熟期在 9 月上中旬。

树势中等，发枝力很强，产量中等。花期要求气温较高，日平均温度低于 22 ~ 23℃ 则坐果不良。适应性强，较耐盐碱、耐瘠薄，在黏土、沙土、沙砾土等土壤上均能较好生长。

2. 无核枣

又名软核蜜枣、空心枣，主要分布于山东乐陵县、河北沧县一带。果实圆柱形，中部稍细，平均单果重 3 ~ 4g，果实大小不均匀。果皮薄，鲜红至橙红色，肉细腻，较松软，汁液多，味甜，核多数退化，品质上等，为稀有制干品种。鲜枣含糖量 33% ~ 35%，可食率 99% 以上，制干率 50.8% ~ 53.8%。成熟期在 9 月上中旬。

树势较弱，发枝较差，产量较低。植株适应性差，喜深厚肥沃的壤土或黏壤土，可在水肥条件较好的地区栽培。

3. 相枣（贡枣）

主要分布于山西运城一带，果实大，近圆形，单果重20g左右，最大单果重26g。果面光滑，皮薄，肉厚，质致密而脆，味甜，汁液较少。核较小，短纺锤形，品质上等；为优良的制干品种。果实9月下旬成熟，近成熟期遇雨易裂果，树势较弱，枝条密而下垂，发枝力中等，树体中大，丰产，稳产性较好。植株抗逆性较弱，易染枣疯病，适于水肥条件较好的地区栽培。

（四）观赏品种

1. 茶壶枣（图13-3）

果实畸形，果实中部或肩部有明显凸起，形似壶嘴和壶把，整个枣形似茶壶，故名茶壶枣。平均单果重7g左右。果皮薄，紫红色，光泽鲜艳，果肉绿白色，汁液中多，味甜略酸，斑红果含可溶性固形物24%～25%，鲜食品质中等。7月上旬着色成熟。抗裂果能力强。

树势生长较强，结果早，坐果稳定，产量高。果实形状奇特美观，有极高观赏价值。

2. 葫芦枣（图13-4）

果实中部凹陷，果实顶部较尖，形似葫芦，故名葫芦枣。果实中大，平均单果重7g左右，鲜食品质中上，制干品质中等。因果形独特，有较高观赏价值。

图13-3 茶壶枣

图13-4 葫芦枣

3. 龙爪枣

又名龙枣、龙须枣、蟠龙枣。果实扁柱形，胴部平直，中腰部略凹陷。平均单果重约 4g，大小较整齐。果皮厚，果肉质地较粗硬，汁少味淡，鲜食品质差。枣头 1 次枝、2 次枝弯曲不定，或蜿蜒曲折前伸，或盘曲成圈，或上或下、或左或右，犹如群龙狂舞、竞相争斗、意趣盎然。枣吊细长，亦左右弯曲生长，有很高观赏价值。

4. 磨盘枣

别名磨子枣，分布于陕西、河北、山东、河南等地。果实中部凹陷，呈石磨状，故名磨盘枣。平均单果重 11g，果皮厚，紫红色，韧性强。阳面有紫黑斑，果肉绿白色，质硬略粗，汁少，味较淡，甜，微酸，可溶性固形物 30% ～ 33%，鲜食品质中下，制干率 50.5%。果形奇特美观，可供观赏。

二、生长特性

(一) 根系

枣树根系发达、形体粗大，水平根延伸力强，一般可超过冠径的 3 ～ 6 倍，又称"行根"或"串走根"，主要集中在 15 ～ 50cm 的土层中，尤以 15 ～ 30cm 的浅土层最多；根系入土较深，深达 4m，粗度不超过 1cm；枣树须根多，吸收能力强，但寿命短，仅能存活一个生长季，土质条件好，生长快，密度高，遇旱遇涝容易死亡。

(二) 芽

芽有两类：一是主芽，二是副芽。

1. 主芽

主芽生长在叶柄基部正上方，冬季着生在各个枝条顶端或节上，被深褐色鳞片包裹着，它是在前一个生长季中开始形成，经过冬季到春季才会萌动，为晚熟性芽。主芽可以发育形成新的枣头（发育枝）或枣股（短缩枝），有时不萌发成为隐芽。

2. 副芽

副芽生长在主芽的左上方或右上方，随形成、随萌发，为早熟性芽，它在枣树生产中占有相当重要的地位，可以形成二次枝和枣吊，枣树的花和花序也是由副芽形成的。

（三）枝

枣树的枝条与其他果树不同。枣树的枝条可分为枣头（发育枝）、二次枝（结果基枝）、枣股（结果母枝）、枣吊（结果枝）4 种。

1. 枣头

枣头又称作 1 年生发育枝，为营养性枝条，是形成枣树骨架和结果基枝的基础。它不单纯是营养生长枝，同时又能扩大结果面积，有的当年就能结果。在整形修剪时，有的枣头可培养成骨干枝，有的则用其结果，所以又称为结果单位枝，北方枣区称其为滑条（图 13 –5）。

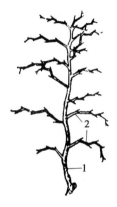

枣头都是由主芽萌发而成，具有很强的延伸能力，并能连续单轴延伸，加粗生长也快。新生枣头，既能进行营养生长扩大树冠，又可增加结果部位提高产量。所以，枣头既是营养生长性枝条，又是结果性枝条，在生产中对枣头摘心，可显著提高坐果率，增加产量。

图 13 – 5　枣头
1. 枣头；2. 二次枝

一般枣头 1 年萌发 1 次，在生长过程中，枣头主轴上的副芽，按 2/5 叶序萌发，其主轴继续延伸生长，随着枣头的生长，其上的副芽也由下而上逐渐萌发成二次枝。其中上部萌发的永久性二次枝，按 1/2 叶序着生芽组，每一芽组内有 1 个主芽和数个副芽，当年副芽萌发成三次枝，也就是枣吊，可以当年开花结果。

在幼树、旺树和更新的枣树上，1 年中常有 2 次生长的现象，但在 2 次生长之间，不像苹果的春、秋梢那样有明显的界线。

枣头的生长很旺，年生长量一般可达 1m 以上，是形成主、侧枝、构成树冠的主要枝条；枣头上的二次枝，一般只有 5 ~ 8 节，最多也可达 10 节以上，每个节上又有主芽和副芽。主芽当年不萌发，第二年形成枣股，二次枝是着生枣股的基枝；副芽在当年只能抽生 1

个枣吊，虽然也能开花结果，但因生长期短，开花结果晚。所以，果实小，品质也差，摘心后可提高坐果率，促进果实发育。

在枣头二次枝基部侧生的主芽，一般当年多不萌发，常处于休眠状态，是枣树更新的基础；枣头顶端的主芽，虽能萌发枣头，但在树体衰弱或营养条件较差的情况下，也可能由枣头转化为枣股。这种枝芽的相互转化，是枣树修剪的重要依据。

枣树的年龄时期不同，着生枣头得多少也不一样。幼树和旺树，着生枣头较多，进入盛果期后逐渐减少，进入衰老期后，几乎不能抽生枣头，但在自然更新时，仍能萌发大量枝头。

枣头的生长特点，与其他果树的发育枝不同，它不是先抽生一次枝，再抽生二次枝，而且一次枝和二次枝几乎同时向前延伸，很难分出先后顺序。由于枣头上的顶芽和侧芽，连年不断地萌发新枣头，便逐渐构成了整个树冠。

2. 二次枝（结果基枝）

由枣头中上部的副芽所长成的永久性二次枝，简称二次枝。这种枝条呈之字形弯曲生长，是形成枣股的基础。所以，又称结果基枝。这种枝条当年停止生长后，顶端不形成顶芽，以后也不再延长生长，并随树龄的增长，逐渐由先端向后枯缩，加粗生长也较缓慢。结果基枝的长度、节数和数量与枣的品种、树势、树龄等有关。一般枣头生长势强的，其二次枝也长；枣头长势弱的，二次枝也短；二次枝的节数变化也大，短的只有 4 节左右，长的可达 13 节以上，每节着生 1 个枣股，其中以中间各节的枣股结果能力最强。结果基枝的寿命和枣股相似，为 8 ~ 10 年。

3. 枣股

是由结果基枝或枣头上的主芽萌发形成的短缩结果母枝，与其他果树的结果母枝相似，每年由其上的副芽抽生枣吊开花结果，它是枣树结果的重要器官。所以，称为枣股（图 13 - 6）。

枣股的顶芽是主芽，虽然每年都延伸生长，但生长量极小，只有 1 ~ 2mm。随着枣股顶芽的生长，其周围的副芽也同时抽生 2 ~ 6 个枣吊开花结果。随着枣股年龄的增加，抽生枣吊的数量也随之增加，产量也逐年提高。一般以 3 ~ 7 年生的枣股结果能力最强。着生在二次枝上的枣股，10 年生以后，结果能力衰退；而着生在主、侧

图 13 - 6 枣股

枝上的枣股,最多可活 20 ~ 30 年,以后便逐渐衰老死亡。

枣股的年龄不同,抽生枣吊得多少也不一样:1 ~ 2 年生的枣股,一般只抽生 2 ~ 3 个枣吊;3 ~ 5 年生的枣股,可抽生 4 ~ 6 个枣吊,而且结果也好;7 年生以上的枣股,抽生枣吊的数量逐渐减少,结果能力也逐年衰退。

枣股衰老后,基部往往还有潜伏芽。所以,能再度形成枣股,继续抽生枣吊开花结果。对弱树、弱枝回缩更新时,其上的枣股还能抽生强壮的枣头,重新形成树冠。

由枣股副芽所抽生的枣吊,是结果的基础。只有增加枣股,才能增加枣吊,只有增加枣吊,才能提高产量。因此,在加强土肥水综合管理的前提下,正确运用修剪技术,培养大量健壮枣股,才能获得高产。

4. 枣吊

枣吊是枣树的结果枝。是由副芽或枣头基部的二次枝抽生的纤细枝条,它具有结果和进行光合作用的双重作用,常于结果后下垂。所以,枣区群众称其为枣吊。

枣吊一般长 10 ~ 25cm,15 节左右,个别品种如垂丝枣或幼旺树上的枣吊,可长达 30cm 以上。每年由枣股萌发,随着枣吊的生长,在其叶腋间出现花序,开花结果,于秋季随叶片的脱落而脱落,枣吊具有枝、叶两种性能。所以,又称"脱落性结果枝"。

枣吊多 1 次生长,一般枣吊有 13 ~ 17 节,长势弱的树,枣吊的节数也少,也很少有分枝。枣吊又对叶面积的大小,起决定性的作用。随着枣吊的生长,叶面积逐渐扩大,花序也陆续形成,生长和发育同时进行。在 1 个枣吊上,以 4 ~ 8 节叶面积最大,以 3 ~ 7 节结果最多。到开花坐果期,枣叶面积达生长顶点,如果此时枣吊继续生长,则对坐果不利。所以,应选择枣吊一次生长的品种；如在花期摘心，抑制其先端生长，也可提高坐果率。

枣吊一般没有分枝能力，但在生长期间遭受机械损伤脱落后，仍然从原枣股处萌发新的枣吊，它具有多次萌发和多次结果的特点。所以，在生产中可以看到，遇有冰雹等自然灾害，第一茬花遭受损失以后，还能重新抽枝开花。这是修剪中应该注意利用的特性，也是枣树能够抗灾丰产的基础。

三、开花结果特性

1. 花芽分化特点

枣树的花芽分化是在当年生枝上，其特点是当年分化、当年开花、并能多次分化、单花分化时期短、分化速度快。1 个单花分化只需 8d 时间，1 个花序需 7～20d，1 个枣结果枝上分化时间约 30d，全株分化需 2～3 个月。

2. 开花和授粉习性

枣树开花多，花期长，单花的花期在 1d 左右，1 个枣吊开花期 10d 左右，全树花期经 2～3 个月。枣属虫媒花，一般能自花结实，如配置授粉树或人工辅助授粉可提高坐果率。

3. 枣果实发育特点

果实发育分为迅速生长期、缓慢生长期和熟前生长期 3 个时期，具有核果类果实——双"S"形果实的发育特点。多雨年份少数品种在果实成熟期会出现裂果现象。

4. 枣树落花落果特性

枣的花量大、花期长，只有一小部分能坐果，自然坐果率低（仅 0～3%），落花落果较重。落果时期可分为 3 个阶段：第一时期为落花后半月左右，占总落果量的 20%；第二时期为 7 月中下旬，占总落果量的 70%；第三时期为采前落果，由风、干旱、病虫为害等外因引起，约占 10%。

四、枣树对环境条件的要求

枣与其他果树一样，要求适宜的土地条件。土壤、地势、气温、雨量及光照等，是影响枣树生长发育和结果状况的主要因素。

1. 温度

温度是影响枣树生长发育的主要因素之一，直接影响枣树的分布，花期日均温度稳定为22℃以上、花后到秋季的日均温下降到16℃以前果实生长发育期大于100~120d的地区，枣树均可正常生长。枣树对低温、高温的耐受力很强，在-30℃时能安全越冬，在绝对最高气温45℃时也能开花结果。

枣树的根系活动比地上部早，生长期长。在土壤温度7.2℃时开始活动，10~20℃时缓慢生长，22~25℃进入旺长期，土温降至21℃以下生长缓慢直至停长。

2. 湿度

枣树对湿度的适应范围较广，在年降水量100~1 200mm的区域均有分布，以降水量400~700mm较为适宜。枣树抗旱耐涝，在沧州年降水量超过100mm的年份也能正常结果，枣园积水1个多月也没有因涝致死。

枣树不同物候期对湿度的要求不同。花期要求较高的湿度，授粉受精的适宜湿度是相对湿度70%~85%，若此期过于干燥，影响花粉发芽和花粉管的伸长，导致授粉受精不良，落花落果严重，产量下降。相反，雨量过多，尤其是花期连续阴雨，气温降低，花粉不能正常发芽，坐果率也会降低。果实生长后期要求少雨多晴天，利于糖分的积累及着色。雨量过多、过频，会影响果实的正常发育，加重裂果、浆烂等果实病害。"旱枣涝梨"指的就是果实生长后期雨少易获丰产。

土壤湿度可直接影响树体内水分平衡及器官的生长发育。当30cm土层的含水量为5%时，枣苗出现暂时的萎蔫，3%时永久萎蔫；水分过多，土壤透气不良，会造成烂根，甚至死亡。

3. 光照

枣树的喜光性很强，光照强度和日照长短直接影响其光合作用，从而影响生长和结果。光照对生长结果的影响在生产中较常见。密闭枣园的枣树，树势弱，枣头、二次枝、枣吊生长不良，无效枝多，内膛枯死枝多，产量低，品质差；边行、边株结果多，品质好。就一株树而言，树冠外围、上部结果多，品质好，内膛及下部结果少，品质差。因此，在生产中，除进行合理密植外，还应通过合理的冬、夏修剪，塑造良好的树体结构，改善各部分的光照条件，达到丰产优质。

4. 土壤

土壤是枣树生长发育中所需水分、矿质元素的供应地，土壤的质地、土层厚度、透气性、pH 值、水、有机质等对枣树的生长发育有直接影响。枣树对土壤要求不严，抗盐碱，耐瘠薄。在土壤 pH 值 5.5～8.2，均能正常生长，土壤含盐量 0.4% 时也能忍耐，但尤以生长在土层深厚的砂质壤土中的枣树树冠高大，根系深广，生长健壮，丰产性强，产量高而稳定；生长在肥力较低的沙质土或砾质土中，保水保肥性差，树势较弱，产量低；生长在黏重土壤中的枣树，因土壤透气不良，根幅、冠幅小，丰产性差。这主要是因为土壤给枣树提供的营养物质和生长环境不同所致。因此，建园尽量选在土层深厚的壤土上，对生长在土质较差条件下的枣树，要加强管理，改土培肥，改善土壤供肥、供水能力和透气性，满足枣树对肥水的需求，达到优质稳产的目的。

5. 风

微风与和风对枣树有利，可以促进气体交换，改变温度、湿度，促进蒸腾作用，有利于生长、开花、授粉与结实。大风与干热风对枣树生长发育不利。枣树在休眠期抗风能力很强，萌芽期遭遇大风可改变嫩枝的生长状态，抑制正常生长，甚至折断树枝等；花期遇大风，尤其是西南方向的干热风降低空气湿度，增强蒸腾作用，致使花、蕾焦枯，落花落蕾，降低坐果率；果实生长后期或熟前遇大风，由于枝条摇摆，果实相互碰撞，导致落果，称为"落风枣"，效益降低。

第二节　枣树优质高产栽培技术

一、育苗技术

我国枣产区过去主要采用根蘖繁殖。其优点是方法简单，操作容易，但因母株根系数量的限制，育苗数量有限，不适于大量育苗。目前，多采用断根繁殖法和归圃育苗法。

（一）断根繁殖法

方法是在春季发芽前，在行间挖宽 30~40cm、深 40~50cm 的沟，切断粗度为 2cm 下的根，剪平创面，然后填入湿润肥沃的土壤，促其发生根蘖。根蘖发生后多为丛生，当苗高达 20~30cm 时进行间苗，留壮去弱，并施肥灌水促其生长，翌年根蘖苗高达 1m 左右即可连带一段母根出圃。

（二）归圃育苗法

利用枣园行间散生的自然根蘖苗，经选择后将其归圃集中培育。操作步骤如下。

（1）选背风向阳处、土层深厚、良好的地块做归圃育苗地。

（2）在秋末冬初进行深翻并施入有机肥，翌春土壤解冻后耙平，做好归圃培育的准备。

（3）从优良母株上将根蘖苗取下并分离成单株。并按粗细分类捆成捆，每捆 50~100 株。

（4）栽前对苗根要进行修剪，侧根留 15~20cm 长，须根留 8~10cm 长，对苗体粗壮、无须根的苗，可在根部刻伤，刺激发根。为提高根蘖苗的生根率，可用 ABT 生根粉进行处理。用非金属容器先将 1g 3 号生根粉溶解在 90%~95% 的工业用酒精中，再加 0.5kg 蒸馏水或凉开水，即配成浓度为 1 000mg/kg 的生根粉原液，现用现配。使用时将原液加入清水（20kg）稀释 20 倍，即为 20mg/kg 的溶液，然后将成捆的苗木根浸入药液内，深度 5~7cm，浸 3~4.5h，捞出即可栽植。

（5）栽植时期为 5 月上旬。栽前 3d 要浇透水，3d 后用犁开沟，按 25cm×60cm 定点栽植，每亩栽 4 400株。

（6）栽后浇 1 次透水，天旱时每半月浇水 1 次。8 月上旬和下旬各追尿素 1 次，每次 2.5kg/亩左右。苗发芽后选一直立健壮枝条作主干，其他侧芽抹去，一般培育 2 年即可出圃。

（三）酸枣嫁接育苗技术

利用酸枣嫁接枣树具有投资少、结果早等优点。其技术要点：选择土层深厚、地势平坦、交通和灌水方便的地块，秋播采取双行密植的方式（大行距为 70cm，小行距为 30cm，株距 15cm），春播多采用大垄双行点播（株距 15~20cm，每穴播种 5~6 粒）。北方大部分地区酸枣接大枣主要用皮下接和"T"形芽接（带木质部）。接后要及时除萌，当接穗长出的新枣头达 30~50cm 时，要及时解绑并设立支柱，当枣头长到 70cm 是摘心定干。此外，应进行追肥灌水、中耕除草和病虫害防治等方面工作。

枣树枝条木质坚硬，含水量少，接口愈合慢，嫁接成活率较低。用 3 号 ABT 生根粉处理接穗，可提高嫁接成活率。方法是采用皮下接时，把削好的接穗将其削面浸入 200mg/kg 的生根粉药液中处理 5s；采用带木质部盾状芽接时，用 50mg/kg 生根粉处理，然后速将接穗插入砧木切口中，用塑料条包扎。

二、加强土肥水管理

1. 加强土壤管理

加强土壤管理的目的在于改善土壤的理化性质，创造适宜枣树根系生长的环境条件，促进根系健壮生长，较好的做法是深翻改土。冬季应在枣树 1.5m 的树穴内培土，以增加抗旱保肥能力。土壤解冻后在枣树周围 2m 范围内进行深翻，改变土壤通气状况，掌握"春翻易浅，秋翻易深"的原则。贫瘠土壤，可采取深翻撩壕压肥客土的做法，加深耕作层。改土埋撩壕宽 100cm，每公顷压有机肥 37 500kg，以充分发挥肥水在枣树增产中的基肥效能。

2. 科学施肥

秋末封冻前施足基肥，春季发芽前施足追肥。第一次在 2 月至 3 月初，每株枣树施尿素 1.0kg，或硫酸铵 2.0kg，或者碳酸铵 3.0kg，人粪尿 25.0kg，对水浇施；第二次在开花前即 4 月下旬至 5 月中旬，每株追施尿素 0.5kg、硫酸铵 1kg、磷肥 2.5kg；第三次在坐果期即 6—7 月施尿素 1.0kg/株、碳酸氢铵或磷肥各 1.5kg/株、过磷酸钙 2.0kg/株、钾肥 0.5kg/株、草木灰 5.0kg/株。采用放射沟施入，还可用 0.2% 尿素，0.4% 磷酸二氢钾溶液作根外追肥，连续喷 2~3 次。

3. 适时灌水

有灌水条件的枣树地方每年 3~4 次灌水。早春发芽结合追肥灌一次水；第二次在花前灌水保证开花；第三次在开花期灌水；第四次在幼果膨大期灌水，这 4 次灌水，一、三次尤为重要，不能忽视。

三、整形修剪

整形修剪是枣树科学栽培管理中一项技术性较强的措施，它能改善光照条件，使树冠形成丰产型的结构。

（一）枣树常用的丰产树形结构

1. 低矮单轴形

树高 1.0～1.5m，由枣头单轴延伸生长而成。树干上下均匀着生 10～15 个二次枝，螺旋状排列。每个二次枝留 5～7 节，树冠呈长形纺锤形，此树形适合于密植丰产栽培。

2. 圆柱形

干高 50cm 左右，树高 1.5～2.0m，在中心领导干上直接配置 6～7 个结果枝组，螺旋状均匀排列，每个结果枝组留 5～10 个二次枝，树冠直径 1.5～2.0m，呈圆柱形，适合于密植丰产栽培。

3. 主干疏层形

干高 70cm，具有明显的主干，主枝稀疏，分层排列，全树共 6～7 个主枝，上下层主枝错开排列，每层主枝配置侧枝 2～3 个，该树形为枣树的主要丰产树形。

4. 自然开心形

干高 70cm，树高 3m 左右，无中心领导干，由树干顶端着生 3 个向外侧方斜伸的主枝。每主枝配着生 4～5 个侧枝，每侧枝为 1 个结果枝组。一般留二次枝 8～10 个。树冠内空间大，有利于通风透光，适合于晋枣等树形直立、不易开张的品种丰产栽培。

（二）修剪

1. 幼树修剪

（1）定干。定干高度 1～1.2m。幼树栽植后，2～3 年不修剪，尽量多留枝条，加速养分积累，促进加粗生长。当树高 2m 时定干，即在定干高度以上 20～30cm 处截干，整形带内的二次枝自基部剪除，促使剪口主芽萌发，当年长出 4～5 个新枣头，以选留第一层主枝和中央干。抽生的枣头与主干所成基角为 45°左右。

（2）整形。一般在定干 2 年后修剪，截干剪口下第一个枣头居中直立生长，可作中央干培养，使之继续向上延伸，其下留 2 ~ 3 个方位好、角度合适的枣头作第一层主枝，其余枣头全部疏除。第一层主枝距主干 50 ~ 60cm 处，粗度达 1.5cm 以上时短截主枝，同时，剪除剪口下的 2 个二次枝，使其萌发主芽成新枣头，以选留主枝延长枝和第一侧枝。各主枝的第一侧枝同侧选留。第一层主枝选留时，以丰产树形的结构要求，用同样的方法培养第二、三层主枝和相应的侧枝（疏散分层形）。

2. 结果期修剪

目的是增强骨干枝、培养新枣头、补充新枣股、扩大结果面积，同时，在修剪时应注意疏除重叠枝、交叉枝、过密枝、细弱枝、内膛徒长枝、病虫枝等，以保持冠内枝条疏密适中。

（1）冬季修剪。

①疏枝。对交叉枝、重叠枝、过密枝应从基部疏除，有利于通风透光、集中营养、增强树势。

②回缩。对多年生的细弱枝、冗长枝、下垂枝进行回缩修剪到分枝处，使局部枝条更新复壮，抬高枝条角度，增强生长势。

③短截。主要对枣头延长枝进行短截，刺激主芽萌发形成新枣头，促进主侧延长枝的生长。但对枣头短截时，为刺激主芽萌发，对剪口下的第一个 2 次枝必须疏除。否则主芽不萌发。

④落头。当初冠达到一定高度，即可落头开心，一方面可控制树冠的高度，另一方面也可改善树冠内部的光照条件。

（2）夏季修剪。

①抹芽。5 月中旬，待枣树发芽之后，对各级主、侧枝、结果枝组间萌发的新枣头，如不做延长枝和结果枝组培养，都应从基部抹掉。在 5 月中旬至 7 月上旬，每隔 7d，将骨干枝上萌生的无用枣头全部抹掉。

②疏枝。对膛内过密的多年生枝及骨干上萌生的幼龄枝，凡位置不当、影响通风透光、又不计划做更新枝利用的，都应利用夏剪将它全部疏除。

③摘心。在 6 月上中旬，对留做培养结果枝组和利用结果的枣头，根据结果枝组的类型、空间大小、枝势强弱进行不同程度的

摘心。空间大、枝势强、需培养大型结果枝组的枣头，在有 7~9 个二次枝时摘顶心，二次枝 6~7 节时摘心；空间小、枝势中强、需培养中小型结果枝组的，可在枣头有 4~7 个二次枝时摘心，二次枝 3~5 节时摘边心。枣头如生长不整齐，则需进行 2~3 次。只要枣头达到要求数量，摘心越早，对促进下部枝条及二次枝、枣吊生长，提高坐果率的效果越大。坐果率可提高 33%~45%。

④拉枝。6 月上旬，对生长直立和摘心后的半木质化的枣头，用绳将其拉成水平状态或 60°~70° 的夹角，抑制枝条顶端生长素的形成，约束枝条再次生长，积累养分，促进花芽分化，提早开花，当年结果。在树体偏冠、缺枝或有空间的情况下，可在发芽前、盛花初期将膛内枝、新生枣头拉出来，填空补缺，调整偏冠、扩大结果部位和面积。

⑤环剥。枣树环剥简单易行，一般可增产 30%~50%。由于环剥切断了韧皮部，暂时截断了地上物质向地下运送的道路，使地上部分相对的养分积累增多，调节了营养生长与生殖生长互相争养分的矛盾，从而提高了坐果率和产量。环剥时间在 6 月中下旬，即大部分结果枝已开 5~6 朵花时。初次环剥的枣树，在距地面 30cm 处的树干开始，以后隔年向上移动 3~5cm，直至靠近第一层主枝时，再从而上反复进行。

3. 老树的修剪

一般指 80 年以上的产量明显下降的衰老树。根据树上活枣股的个数来决定重、中、轻更新，分别锯掉枝条总长度的 2/3、1/2、1/3，对已经生长出更新枝的，应保留更新枝，把衰老的枝条疏除。同时，当年停止开甲（图 13-7）。

枣树修剪中应注意的问题：修剪一定要从当地生产实践出发，因地制宜、因树制宜地进行，同时，要与水肥管理和其他措施相结合，才能达到目的。另外，修剪时所产生大的伤口要保护好，防止病虫害入侵。

（三）加强花期管理，提高坐果率

枣树开花多、花期长，养分消耗量大，坐果率低，且在生长期间落花落果现象严重。一般枣树坐果率仅占全部花量的 2%~3%，这也是限制枣树产量的主要原因。因此，要想获得高产，关

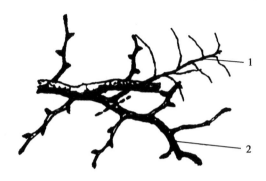

图 13 – 7　衰老树的修剪
1. 更新枝; 2. 衰老枝

键在于保花保果, 提高坐果率。可采取以下技术措施。

1. 花前追肥

在 4 月末 5 月初追施尿素 1.2kg/株。缺磷、钾的枣园, 可加施过磷酸钙 2.0kg/株、氯化钾 1.0kg/株、草木灰 5.0kg/株。初花期和结果期可在树冠上部喷施 0.3% 纯氮和 4g/L 纯磷酸二氢钾进行根外追肥; 盛花期喷 10g/L 赤霉素和 2g/L 硫酸锌溶液。每隔 10d 喷雾 1 次 20g/L 赤霉素和 2～3g/L 硼的混合液, 连续两次花前追肥, 可显著提高坐果率, 增产 10%～20%。

2. 疏剪密集枝

春季发芽时进行第一次修剪, 盛花期和末花期进行 1 次夏剪, 抹除树干及内膛骨干枝上抽发的无用嫩芽及其他消耗树体营养的枝条。

3. 枣树开甲 (环割)

枣树开甲可以起到调节树体营养的作用。对生长旺盛的枣树, 通过开甲, 切断韧皮部, 使叶片制造的营养物质集中供应开花坐果所需的营养。对树龄在 12～15 年的盛果树, 开花盛期, 在主干离地面 15cm 处进行环割, 宽度为 4～6cm, 深达木质部, 但不伤木质部, 剥后用塑料薄膜包扎伤口即可。枣树主干环割是枣树增产的一项主要技术措施, 它可使坐果率提高 30%, 增产 30%。

4. 枣头摘心

当年新生枣头长到 25～30cm 时，进行枣头摘心，可控制发育枝的生长，增加二次枝生长，促进坐果。摘心程度可依枣头生长强弱及其所处空间大小而定。一般是弱枝轻摘心，强旺枝重摘心，留 5～7 个枣拐。枣树枝条猛发阶段，将当年生长的 5～7cm 稠密处枝条的心掐破，可培养理想的树冠。

5. 花期喷水

因枣树花期正处高温干旱天气，因而易出现枣花柱头凋萎脱落现象。此时对树冠喷水，加大空气湿度，有利于枣花受粉。喷水宜在高温来临之前进行，每株喷 3～4kg，可结合喷肥、摘心等手段进行，对提高坐果率很有效。

第十四章 石 榴

石榴是我国中秋节的应时果品，栽培历史悠久，在我国大约有2 000年的栽培历史，民间常视其为吉祥、喜庆的象征。鲜果中富含较多的维生素 C、糖分、苹果酸和磷、钙等矿物质，营养价值高。石榴株丛矮小，花色秀丽，花期绵长，素有"5月开花红似火"之称，果实百子同房，独具风采，在庭院中极富观赏价值，是绿化和庭院美化的良好树种。从定植到开花结果，营养繁殖的苗木为2 年左右，实生苗繁殖一般为 5～8 年。结果寿命可维持 50 年。此外，石榴耐瘠、耐盐，也是丘陵和滩涂地区发展经济的良好树种。

第一节 石榴主要品种

石榴为石榴科（Punicaceae）石榴属（Punica）植物，作为栽培的只有 1 个种，即石榴。各地选育出许多优良栽培品种，按风味可分为甜石榴、酸石榴两大类；按颜色可分为青皮类、红皮类、白皮类和紫皮类；按用途可分为食用石榴、观赏石榴、食赏兼用石榴和药用石榴。现有品种 200 多个，其中，结实品种 140 多个、观赏品种及其变种 10 多个。主要栽培优良品种有大青皮软籽甜石榴、大红皮软籽甜石榴、大马牙软籽甜石榴、黑籽甜石榴、枣庄红石榴、突尼斯软籽石榴、大红甜石榴、粉红甜石榴等。

一、大果型黑籽甜石榴

果皮鲜红，果面光洁而有光泽，外观极美观，平均单果重 700g，最大单果重 1 530g，籽粒特大，百粒重 68g，仁中软，不垫牙，可嚼碎咽下，籽粒黑玛瑙色，呈宝石状，颜色极其漂亮吸引人，汁液多，味浓甜。皮薄，可用手掰开，出籽率 85%、出汁率 89%，籽粒可溶性固形物含量 32%、一般含糖量 16%～20%，在种植条件较好的地区，光照好，温差大的地方，含糖量可高达 22%、含酸量 0.7%，品质特优。

二、枣庄红石榴

"枣庄红石榴"是从当地最著名的大马牙石榴品种中选育出的特早熟石榴新品种。该品种树体中等，成树高 2.70m，生长势较强，树冠开张，连续结果能力较强，较稳产，早果性较好。属于大型果，果实近球形，表面光亮，果皮呈鲜红色，向阳面呈艳红色，有纵向红线，条纹明显，萼筒较短，闭合或半开张。单果重一般 360～530g，最大果重 1 278g，果形指数 0.90。单果一般含籽粒 600～950 粒，平均百粒重 59g。籽粒呈宝石红色，透明，仁较一般石榴稍软，含可溶性固形物 15.50%，品质极上，为枣庄石榴种质资源中综合性状最佳者。一般年份，当地 3 月底萌芽，4 月初展叶，4 月上旬进入新梢生长期，4 月中旬进入新梢速生期，5 月初达到生长高峰，以后转入缓慢生长期，7 月底出现第二次生长高峰。9 月底以后枝梢生长转慢，随后顶端逐渐出现针刺。10 月下旬开始落叶。5 月上旬进入始花期，5 月底 6 月初进入盛花期，6 月下旬进入末花期，8 月下旬果实成熟。此时，其他品种的石榴尚未成熟，又值中秋佳节，市场上石榴缺货和石榴消费高峰期，加之市场上对红皮大粒浓甜的大果型石榴需求很大，故此时上市在市场上一枝独秀，市场和利润空间非常之大，产业化前景十分广阔。

该品种抗旱、耐瘠薄，适宜在一般石榴适生区栽培，一般情况下每亩栽植 111 株，3 年进入结果期，成年树平均株产 35kg。栽培时应注意多施有机肥，进入盛果期后应注意疏花疏果，合理负载，以防树势早衰。

三、大马牙软籽甜石榴

晚熟品种，中型果，果实扁圆形，果肩陡，果面光滑，青黄色，果实中部有数条红色花纹，上部有红晕，中下部逐渐减弱，具有光泽，萼洼基部较平或稍凹。一般单果重 450g 左右，最大者达 1 400g，心室 14 个。籽粒粉红色有星芒、透明、特大，味甜多汁，形似马牙，故名马牙甜。可溶性固形物含量 16% 左右，核较硬。树体高大，树姿开张，自然生长下多呈自然圆头形。萌芽力强，成枝力弱，针刺状枝较多，枝条瘦弱细长，中长枝结果，骨干枝扭曲严重。抗病虫害能力强，较耐瘠薄干旱，果实较耐贮运。易丰产，品质极高，适应性强。

四、大青皮软籽甜石榴

晚熟品种，大型果，果实扁圆形，果肩较平，果面光滑，表面青绿色，向阳面稍带红褐色。梗洼平或突起，萼洼稍凸。一般单果重 630g 左右，特大果重 1 580g，心室 8~12 个，籽粒鲜红或粉红色、透明。可溶性固形物含量 11%~16%，甜味浓，汁多，核较硬。树体较高大，树姿半开张，在自然生长下多呈单干或多干的自然圆头形。萌芽力中等，成枝力强。骨干枝扭曲较重。抗病虫害能力强，耐干旱、瘠薄，果实耐贮运。果型特大，色艳味美，品质极上，适应性强，丰产性能好。

五、泰山红石榴

果实个大，平均单果重 500g，最大 750g。果实近圆形或扁圆形，果面光洁，呈鲜红色，外形美观，果实皮薄，籽粒鲜红、透明、粒大肉厚，核半软，平均百粒重 54g。汁多、味甜微酸，含可溶性固形物 17%~19%，维生素 C 含量 11mg/100g，含糖量达 19.1%，并含有多种其他维生素及微量元素，口感好，品质上等，风味极佳，耐贮运。适应性强，寿命长，耐瘠薄，抗旱。

六、大红皮软籽甜石榴

又名大红袍，属早熟品种，大型果，果实呈扁圆形，果肩齐，表面光亮，果皮呈鲜红色，向阳面棕红色，并有纵向红线，条纹明显，硬洼稍凸，有明显的五棱，萼洼较平，到萼筒处颜色较浓。一般单果重 750g 左右，最大者可达 1 250g，有心室 8~10 个。籽粒呈水红色、透明，含可溶性固形物为 16%，汁多味甜，初成熟时有涩味，存放几天后涩味消失。树体中等，干性强较顺直，萌芽力、成枝力均较强。主干和多年生枝扭曲，耐干旱，果实艳丽，品质极佳，丰产，但抗病虫害能力弱，果实成熟遇雨易裂果，不耐贮运。可适当发展。

七、突尼斯软籽石榴

属早熟品种,中型果,近圆球形,果个整齐,平均单果重406.7g,最大的达750g以上。果皮薄而红、间有浓红断续条纹、光洁明亮。籽粒紫红色,籽粒特软、早实、丰产、抗旱、抗病,适应范围广。

八、红如意软籽石榴

该品种成熟早,果实近圆球形,果皮光洁,外观漂亮,浓红色,红色着果面积可达95%,裂果不明显,果个大、平均单果重475g,最大1 250g,籽粒紫红色,汁多,味甘甜,出汁率87.8%,核仁特软,可食用,含可溶性固形物15.0%以上,风味极佳。适应性非常强,抗旱,耐瘠薄,抗裂果。

九、牡丹花石榴

牡丹花石榴是植物王国里珍惜品种,是石榴中珍贵品种。因具有牡丹一样大小的花而得名。在石榴2 000多年的发展历史中,先是因花量多,坐果相对少而备受冷落,目前百年以上生母树不足20棵;时至今日,又因花量多、花形大而极受推崇,身价猛增百倍。花朵有单花、双花及多花之分,颜色有红色、粉红色、白色3种。5月上旬见花,5、6、7月为盛花期,8、9月花朵渐稀。盛开的花朵直径在8cm以上。一般2年苗始花,3年后结果,花后即坐果,6、7、8月石榴生长迅速,9月上中旬成熟,一般单果重500g左右,果色黄里透红。籽粒红色,多汁,味甜微酸适口,风味特佳,品质上乘。

牡丹花石榴生长习性、栽培与管护如同一般石榴,耐旱瘠、耐酸碱能力较强,山地平原均可栽培,在家庭及公园栽培表现良好。牡丹花石榴是建筑花园式城市、开发旅游景点、发展观光农业、美化名胜古迹、制作盆景盆栽、美化庭院的最佳树种,也是高档的礼品树种,开发前景十分广阔。

牡丹花石榴特点如下。

1. 历史悠久

现已栽培2 000多年。

2. 开花早

1 年苗栽后，2 年试花。一般开花可比同类石榴早 15 ~ 20d。

3. 花期长

从 5—9 月，花期最长可达 120d 左右。

4. 花色多

有大红、粉红、白色之分，且随时间推移花型变化较大。

5. 花量多

盛花期开花量是同龄石榴树的 3 ~ 5 倍。

6. 花中开花

立地、气候等条件好的情况下，花开枯而不落，从原花中长出新花覆盖原花，返老还童。

7. 果实大

一般单果重 500g 左右。

8. 适应性强

对土壤要求不严格，适宜酸碱度区间大。

第二节 石榴生长结果习性

一、生长习性

石榴为落叶性灌木或小乔木，幼树根系、枝条生长旺盛，枝条较直立，根际萌蘖枝条多，易形成丛状。随着树龄的增长，枝条逐渐开张，树冠不断扩大。从定植到开花结果，营养繁殖的苗木为 2 年左右，实生苗繁殖一般为 5 ~ 8 年。结果寿命可维持 50 年。

（一）根系

石榴的根系依其来源与结构具有 3 种类型：茎源根系、根蘖根系、实生根系，分别为扦插、分株、播种繁殖所形成。根系中骨干根寿命很长，但分布较浅，须根的数量多，寿命较短，容易再生。石榴根系水平分布集中在主干周围 4 ~ 5m 处，吸收根则主要分布在树冠外围 20 ~ 60cm 深的土层中。石榴的根系生长对温度的反应敏感，开始生长早于地上部分 15～20d，当地上部分大量形成叶片后即进入旺盛时期。北方地区栽培时应注意温度变化。石榴的根系具有较强的再生能力，在移栽苗木和扦插时应加以注意，以便更好地维护根系生长。

（二）枝、芽

石榴的芽可分为叶芽、花芽和隐芽。叶芽位于枝条的中下部，扁平、瘦小，呈三角形。花芽为混合花芽，生于枝顶，单生或多生。萌发后，抽生一段新梢，在新梢先端或先端下一节开花。石榴的花芽大、饱满。隐芽是不能按时萌发的芽。隐芽的寿命可高达几十年，如遇刺激才能萌发，隐芽可用于老树更新。

石榴的枝根据功能分为结果枝、结果母枝、营养枝、针枝、徒长枝等。依据枝的生长分为叶丛枝、短枝、中枝和长枝（图14-1）。

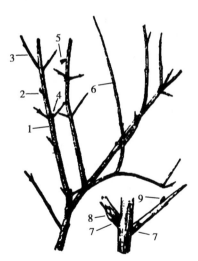

图 14-1　石榴枝、芽

1. 二年生枝；2. 短枝；3. 长枝；4. 结果母枝；5. 果台枝；6. 徒长枝；7. 短结果母枝（放大）；8. 混合芽（花芽）；9. 叶芽

1. 叶丛枝

长度为 2cm 以下，只有 1 个顶芽。

2. 短枝

长度为 2 ~ 7cm，节间较短。

3. 中枝

长度为 7 ~ 15cm。

4. 长枝

长度为 15cm 以上，多数为营养枝。短枝、中枝当年易转化为结果母枝。

石榴的一般枝条在 1 年中往往只有 1 个生长高峰，即从发芽到花期结束为止。徒长枝除了这一高峰外，还有一个不明显的波峰，这一波峰发生在雨季，到 9 月中旬就趋于停止。

徒长枝有的当年生长量可在 1m 以上，不仅能抽出二次枝，还能抽出三次枝，而生长较弱的枝芽，往往当年只长 3 ~ 4cm，其上叶片簇生，翌年易形成花芽。

二、开花与结果

石榴树的结果方式是结果母枝上抽生结果枝而结果。结果母枝多为粗壮的短枝，或发育充分的二次枝。翌年春季其顶芽或腋芽抽生长 6 ~ 20cm 的短小新梢，在新梢上形成一至数朵小花。一般顶生花芽容易坐果，凡坐果者顶端停止生长（腋花芽除外）。石榴的花为两性花，以一朵或数朵着生（多的可达 9 朵）在当年新梢顶端及顶端以下腋间。石榴的花根据发育情况分为完全花和不完全花（中间花）。完全花的子房发达、上下等粗，腰部略细，呈筒状，又名"筒状花"，这种花的雌蕊高于雄蕊，发育健全，是结果的主要来源。不完成花子房不发育，外形上大下小，呈钟状，又叫"钟状花"。这种花胚珠发育不完全，雌蕊发育不完全或完全退化，因而不能坐果，还有中间花，雌蕊和雄蕊高度相平或略低，呈筒状（图 14 - 2）。

石榴从现蕾到开花一般需要 10 ~ 15d；从开放到落花一般需要 4 ~ 6d。其时间的长短与气温有很大的关系，气温高所需时间短，

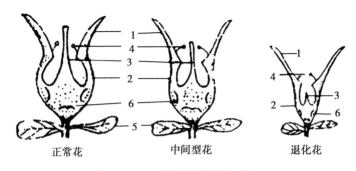

图 14 - 2　石榴不同花器剖面图
1. 萼片；2. 萼筒；3. 雌蕊；4. 雄蕊；5. 托叶；6. 心皮

反之则长。石榴的花蕾形成是不一致的，所以花的开放期也是错落不齐，造成了花期长，一般长达 2 个月以上。正常花在受精后，花瓣脱落，子房膨大，并且子房的皮色，也逐渐由红转变为青绿色。

石榴的落果一般有两个高峰，第一个高峰在花期基本结束后 7d 左右，另一个高峰在采收前一个半月左右。石榴的落蕾、落花、落果比较严重，主要受外界不良环境条件的影响。如果光照不足、雨水过大、病虫害严重，落蕾、落花、落果就会加重。

果实发育分为幼果期、硬核期、转色成熟期 3 个主要时期。在河南，石榴自开花坐果后，幼果从 5 月下旬至 6 月下旬出现一次迅速生长；6 月下旬至 7 月底为缓慢生长期；8 月上旬为硬核期，8 月下旬至 9 月上旬为转色期，此期又有一次旺盛生长。果实增长快慢与雨水有关，干旱时生长缓慢，雨后生长迅速。

石榴从开花到果实成熟一般需要 120 ~ 140d。

三、对环境条件的要求

（一）温度

石榴性喜光、喜温暖，较耐旱和耐寒，石榴生长发育的适宜气候条件是：年平均气温为 15℃ 以上，萌动和发芽的日平均气温为 10 ~ 12℃，现蕾与开花的日平均气温为 15 ~ 20℃，果实的生长期日平均气温为 20 ~ 25℃，在生长期间的有效积温为 3 000℃ 以上，年极端低温不低于－17℃。在冬季休眠，则能耐低温，如果冬季气温过低，枝梢将受冻害或冻死。

（二）水分

石榴从发芽到开花需要较多的水分，开花期要求天气晴好，如果阴雨天过多，或有大雾容易造成授粉受精不良，还能造成病害蔓延，大量落花。果实的生长期需要充足的水分，干旱会造成果实瘦小，果皮粗糙，品质低劣；严重干旱会造成落叶、落果。在果实的生长后期，如果雨水过大，则会造成大量的裂果和落果。石榴怕涝，地下水位小于1m则生长、发育不良，造成黄叶、落叶、落花、落果，甚至死亡。

（三）光照

石榴在光照不足时，叶片色淡质薄，落叶严重，枝条稀疏细弱，丛状枝少，花芽形成少，花芽分化不完全，授粉受精不良，落叶、落果严重。但是同一株树上的果实，阳光直接暴晒的，皮色紫红、粗糙，粒籽色淡、粒小，含糖量低，品质差，食之味淡、酸涩。此类果实，称之为"晒皮"。

（四）土壤

石榴对土壤要求不严，pH值4.5～8.2的地方均可以栽培石榴，宜在有机质丰富、排水良好的微碱性土壤生长，过度盐渍化或沼泽地不宜种植，重黏性土壤栽培影响果实质量。土壤过肥时，易导致枝条徒长，往往开花不结果或花多果少。

第三节　石榴生产关键技术

一、育苗技术

石榴可用播种、扦插、压条、分株、嫁接等方法进行繁殖，生产上常用扦插繁殖。方法是在春季3月下旬至4月上旬发芽前，选在丰产树内腔剪取，1年生健壮枝条，每段长20～30cm，斜插于已整好苗床上，入土深度为20cm左右，覆细土踏实、浇足水，注意保湿，20d左右即可生根，培育1年，翌年移栽。

二、建园技术

（一）园地选择

园地选择光照强、通风好的地方，对石榴生长有利，结果好，着色好，含糖量高。土壤要求以砂质壤土为宜，黄黏土、沙砾土需进行压换土改良。

（二）栽植时期及密度

定植时期以土壤解冻至石榴树萌芽前春栽为主，或在落叶后10月下旬至11月中旬秋栽，秋定植都需埋土防寒，栽前施足基肥有利于苗木生长。栽植密度为2.5m×2m或2m×3m，采用"三角形"配置，最好用南北行间，以利通风透光。

（三）栽培品种及授粉品种

各地应根据适地适树原则选择主栽品种，授粉树的配置应与主栽品种雌花花期相同，甜石榴和酸石榴互为授粉树，比例为1∶5，并配套人工授粉措施。

三、土、肥、水管理

（一）土壤管理

春季发芽前应耕翻园地，6月下旬至8月中旬，生长季节结合浇水中耕2~3次，松土保墒，果实成熟前保持树冠下无杂草丛生，10月中旬采收后结合施肥耕翻1次。园地可间作小麦、薯类、豆科作物、甜瓜、药用植物等矮秆作物。

（二）施肥

1. 基肥

分2次使用，时间分别在冬季土壤结冻前和次年早春2月底前。用量依树大小而定，主施有机肥，幼树每株10kg左右，中大树20~25kg，有条件时，幼树成长期内每月追施0.5kg尿素和人粪尿水20~25kg。

2. 萌芽前追肥

可补充贮藏营养的不足，提高坐果率，促进新梢生长，应以复合肥为主。

3. 果实膨大期追肥

可促进新梢生长及花芽分化，应适量施用氮肥，多施磷、钾肥，以三元复合肥为主。

4. 采前追肥

以速效钾肥为主，可促进果实膨大，提高果实品质，一般在采前15d施入。

5. 采后追肥

施腐熟饼肥、人粪尿、草木灰及过磷酸钙等。

施肥方法用沟施或穴施，但距树不能过近，以免伤根。并且每次施肥的位置应与原施肥位置错开。有机肥必须腐熟后对水使用。大果石榴还应注意结合施肥，每棵树加施3g硼砂粉。

（三）浇水

全年至少浇4次透水。

1. 开墩水

4月上中旬，促进萌芽展叶和新梢生长。

2. 花前水

5月中旬，使花期有足够的土壤水分，提高授粉率。

3. 催果水

7月上中旬，促进果实发育，花芽分化。

4. 封冻水

11月上中旬，提高树体养分积累，安全越冬。花后及8月中旬可根据天气情况增加1次，果实成熟期，如雨水过多易造成裂果，故雨后要及时排除园地积水，降低土壤湿度。

四、石榴树的整形修剪

（一）常用树形

石榴有单干和多主干两种树形，均是自然半圆形。

1. 单干形

石榴苗木栽植后，在离地面80cm处剪截定干，第二年发枝后留3~4枝作主枝，其余剪掉，冬季再将各主枝留1/3~1/2剪顶，每主枝上选留2~3枝作副主枝，其余枝条也剪去。经过2~3年后，形成开心形树形，骨架大致完成。

2. 多干形

石榴常在根部萌生根蘖，第一年在基部萌蘖中选留2~3个作主干，其他根蘖全部去掉。以后在每个主干上留存3~4个主枝，向阳四周扩展，即可形成一个多主枝自然圆头形。

（二）修剪

1. 初结期的修剪

初果期的石榴树以轻剪、疏枝为主，冬剪时对两侧发生的位置适宜、长势健壮的营养枝，培养成结果枝组。对影响骨干枝生长的直立性徒长枝、萌蘖枝采用疏除、拧伤、拉枝、下别等措施，改造成大中型结果枝组。长势中庸、二次枝较多的营养枝缓放不剪，促其成花结果；长势中庸、枝条细瘦的多年生枝要轻度短截回缩复壮。

2. 盛果期的修剪

（1）骨干枝修剪。衰弱的侧枝回缩到较强的分枝处，角度过小，近于直立生长的骨干枝用背后枝换头或拉枝、坠枝，加大角度。

（2）结果枝组修剪。轮换更新复壮枝组，回缩过长、结果能力下降的枝组；利用萌蘖枝，培养成新的枝组。

（3）疏除干枯、病虫枝、无结果能力的细弱枝及剪、锯口附近的萌蘖枝，对树冠外围、上部过多的强枝、徒长枝可适当疏除，或拉平、压低甩放，使生长势缓和。

3. 衰老树的修剪

衰老期的石榴树修剪技术主要为缩剪更新，对衰老的主侧枝进行缩剪，选留2~3个旺盛的萌枝或主干上发出的徒长枝，逐步培养为新的主侧枝，继续扩展树冠。利用内膛的徒长枝长放，少量短截，培养枝组。

五、花果管理技术

石榴花器有严重的败育现象，白花授粉坐果率低。花果管理就是促进多成正常花，提高正常花坐果率，减少落果。

1. 花蕾期环剥

5月上中旬花蕾初显时进行，对结果骨干枝从基部环剥，环剥宽度为枝粗的1/10，剥后即用塑料包扎伤口。在幼旺树、旺枝上环割2~3道，间距4cm以上，可促进花芽分化。

2. 疏花

现蕾后，在可分辨筒状花时，摘除70%的败育花蕾，减少营养消耗，簇生花序中只留一个顶生完全花，其余全部摘除。

3. 授粉

花期直接利用刚开放的钟花，对筒状花进行人工授粉或招引蜜蜂传粉，可提高坐果率10%左右。

4. 喷施硼肥

初花期至盛期喷0.3%的硼砂液或稀土微肥混合液，提高坐果率5%~15%。

5. 疏果

去除病虫果、晚花果、双果、中小果可使果实成熟期一致，个大、品质好。双果、多果的只留1个果，疏除6月20日以后坐的果，以集中养分，提高坐果率和单果重，提高产量和果实品质。

主要参考文献

高梅，唐成胜 . 2015. 果树生产技术（北方本）［M］. 北京：中国农业出版社 .

刘桂芹，李振合 . 2014. 花卉栽培实用技术［M］. 北京：中国农业科学技术出版社 .